Alexander Naumann

Grundriss der Thermochemie oder die Lehre von den Beziehungen zwischen Wärme und chemischen Erscheinungen vom Standpunkt der mechanischen Wärmetheorie

Alexander Naumann

Grundriss der Thermochemie oder die Lehre von den Beziehungen zwischen Wärme und chemischen Erscheinungen vom Standpunkt der mechanischen Wärmetheorie

ISBN/EAN: 9783955622541

Auflage: 1

Erscheinungsjahr: 2013

Erscheinungsort: Bremen, Deutschland

GRUNDRISS

DER

THERMOCHEMIE

ODER

DER LEHRE VON DEN BEZIEHUNGEN

ZWISCHEN

WÄRME UND CHEMISCHEN ERSCHEINUNGEN

VOM

STANDPUNKT DER MECHANISCHEN WÄRMETHEORIE

DARGESTELLT

VON

Dr. ALEX. NAUMANN,

a. o. Professor der Chemie an der Universität Giessen.

BRAUNSCHWEIG,

DRUCK UND VERLAG VON FRIEDRICH VIEWEG UND SOHN.

1869.

VORBEMERKUNG.

Soweit die Naturwissenschaft bis jetzt eine tiefere Einsicht in das Wesen der Naturerscheinungen gewonnen hat, handelt es sich überall nur um Stoffe und um deren Bewegung. Der vielseitig anerkannte Grundsatz der Zurückführbarkeit einer jeden Naturerscheinung auf Bewegung wird aber nur durch den Versuch seiner Bewahrheitung im Einzelnen fruchtbar für die Wissenschaft. Vorliegendes Werkchen bezweckt die Darstellung der chemischen Erscheinungen als Bewegungserscheinungen, insoweit diess der jetzige Stand der Wissenschaft erlaubt. Den Uebergang von der allgemeinen Bewegungslehre zur Chemie vermittelt hierbei die in neuerer Zeit so erfolgreich ausgebildete und in fortwährender rascher Entwickelung begriffene mechanische Wärmetheorie. Die Errungenschaften dieser Lehre sind bis jetzt verhältnissmässig wenig in die Chemie eingedrungen. Das betreffende als Ausgangspunkt für chemische Betrachtungen zu nehmende Material ist in verschiedenartigen, von dem Chemiker theilweise weniger gelesenen Schriften zerstreut, und die einschlagenden, besonders chemische Erscheinungen berücksichtigenden Untersuchungen, welche die Bedeutung der mechanischen Wärmetheorie für die Chemie in ein helleres Licht zu setzen geeignet sind, gehören erst der neueren Zeit an. Dazu kommt, dass, wenn die Gewöhnung an die Begriffe der Bewegungslehre immerhin einige Schwierigkeit bietet, gerade der Chemiker nach seinem gewöhnlichen Bildungsgang weniger befähigt sein wird, diese Schwierigkeiten zu überwinden.

Ich hoffe, dass dieses Werkchen in der wenigstens erstrebten leicht fasslichen und möglichst elementar gehaltenen Darstellung den angedeuteten Mängeln einigermaassen abhelfen und zugleich in dem Versuch, die Beziehungen zwischen Wärme und chemischen

Vorgängen unter den Gesichtspunkten der mechanischen Wärmetheorie möglichst einheitlich aufzufassen, eine Förderung der Wissenschaft in sich schliessen werde. Selbstverständlich lässt sich bei
diesem Versuch der Durchführung neuer, auf einem fremden, wenn
auch verwandten, Gebiete gewonnener Anschauungen eine gleichmässig eingehende Behandlung der verschiedenen chemischen Vorgänge nicht erwarten. Der eingehendsten Betrachtung war die
chemische Zersetzung durch Hitze fähig, weil dieselbe einen verhältnissmässig einfachen chemischen Vorgang darstellt, bei welchem
nur ein einziger Körper und die Bewegungszustände seiner Bestandtheile zu berücksichtigen sind. Von verwickelteren chemischen
Vorgängen konnten unter sonst gleichen Verhältnissen diejenigen
näher untersucht werden, welche sich auf gasförmige Körper beziehen, weil die mechanische Wärmetheorie selbst gerade über den
Gaszustand die ausgebildetsten Vorstellungen besitzt. Ungleichmässige
Behandlung und vorhandene Lücken weisen auf noch mangelnde
theoretische und Experimental-Untersuchungen hin, deren allmälige
Vervollständigung erwartet werden darf.

   Die zahlreichen Literaturangaben sollen theilweise als Belege
dienen, theilweise eine umfassendere Aufführung anderweitig ver-
zeichneter Thatsachen ersparen, theilweise ein Zurückgehen auf
ausführlichere Darstellungen oder auf die Quellen selbst erleichtern,
wo knappe Darstellung oder besonderes Interesse diess wünschens-
werth machen. Dabei habe ich mich bemüht, vorzugsweise auf den
Jahresbericht für Chemie zu verweisen, weil sich daselbst umfassende
Literaturnachweise vorfinden und auch für Denjenigen, welchem
dieser Jahresbericht nicht zur Hand ist, durch die Angabe des
Jahrgangs ein Anhaltspunkt geboten ist für die Aufsuchung der
Belege.

   Meinem Freunde K. Zöppritz, a. o. Professor der Physik
an hiesiger Universität, bin ich für die sorgfältige Durchsicht des
Manuscripts und dabei mir vielfach ertheilten werthvollen Rath zu
grossem Danke verpflichtet.

   Die Temperaturangaben beziehen sich auf die hundert-
theilige Scala.

Giessen, im Juli 1869.

                                     Alex. Naumann.

INHALTSÜBERSICHT.

EINLEITUNG.

Die Thermochemie handelt von den gegenseitigen Beziehungen zwischen Wärme und chemischen Erscheinungen, oder
zwischen chemischer Zusammensetzung und chemischen Vorgängen einerseits und Wärmeverhältnissen und Wärmeerscheinungen andererseits.
Diese Wechselbeziehungen sind der Art, dass einmal gewisse Wärmever-
hältnisse erfordert werden, um einen chemischen Vorgang einzuleiten und
zu unterhalten, und dass zum Anderen chemische Zusammensetzung und
chemischer Vorgang selbst wiederum die Ursachen gewisser Wärmeerscheinungen sind.

Die folgende Darlegung der gegenseitigen Abhängigkeit der chemischen Vorgänge und der Wärme stützt sich auf die Grundanschauung,
dass man unter Wärme nicht etwa eine besondere Substanz, den Wärmestoff (*caloricum*), zu verstehen habe, sondern dass die Wärme als eine
Bewegungsform der Materie, des Stoffs, aufzufassen sei.

Während die mechanische Wärmetheorie, deren jetzige Entwickelung
anfangs der 1840er Jahre durch R. Mayer, Joule und Andere begründet
wurde, schon seit etwa einem Jahrzehnt eine ausgebreitetere Bedeutung
in der Physik gewonnen hat und gegenwärtig der vollständigen Beherr-
schung dieser Wissenschaft zustrebt, hat die Chemie von derselben bis
jetzt nur wenig Nutzen gezogen. So gewiss aber Physik und Chemie
nur Theile einer Naturwissenschaft sind und die Trennung beider nur
eine willkürliche ist, die sich übrigens lange Zeit als fördernde Arbeits-
theilung bewährt hat, eben so gewiss sind die von den Physikern schon
gewonnenen und befestigten Anschauungen und Ergebnisse der mechanischen Wärmetheorie auch für die Chemie giltig und müssen ihre Anwendung auch auf die unter dem Namen der chemischen Vorgänge begriffenen Naturerscheinungen finden, wenn auch in etwas erweiterter Gestalt.
In dieser Hinsicht möge an das Schicksal der chemischen Atomtheorie
erinnert werden, welche lange Zeit von den Physikern nicht als zwingend

anerkannt, wurde, bis mehr ins Einzelne gehende Forschungen und Erklärungen die Atomtheorie auch für die Physik unentbehrlich machten. Da die mechanische Wärmetheorie selbst noch jung und in stetem Fortschreiten begriffen ist, so muss der Versuch der Anwendung ihrer Lehren auf chemische Erscheinungen seinerseits auch zu deren weiterem Ausbau und näherer Bestimmung beitragen. Wenn so die Betrachtung chemischer Vorgänge unter den Gesichtspunkten der mechanischen Wärmetheorie der weiteren Forschung fruchtbare Gebiete zu erschliessen verspricht, so erscheint derselbe im Besonderen als der geeignetste Weg, die Chemie ihrem Endziele näher zu führen, sie zu einer Mechanik der Atome zu gestalten.

Die einzuhaltende Behandlung der einschlägigen Erscheinungen hat als nothwendige Voraussetzungen: 1) die Annahme der Atomtheorie; 2) den ersten Hauptsatz der mechanischen Wärmetheorie, nämlich den Satz von der Aequivalenz von Wärme und Arbeit. In der näheren Erörterung beider Voraussetzungen wenden wir uns zunächst zur

Atomtheorie [1]).

Die Naturwissenschaft hat bekanntlich die Aufgabe, die Naturerscheinungen auf möglichst wenige und möglichst einfache Grundvorstellungen zurückzuführen. Mit der Betrachtung chemischer Erscheinungen verknüpfte sich stets das Streben nach Erkenntniss des der Veränderung der Körper zu Grunde liegenden Unveränderlichen und Unwandelbaren. Während man nun früher die bei allem Wechsel der Erscheinungen sich gleichbleibende Grundlage in hypothetischen Zuständen und dann in hypothetischen Bestandtheilen — die aber wohl wiederum als Repräsentanten gewisser Eigenschaften aufzufassen sind — zu finden glaubte, führt die heutige Chemie die chemischen Vorgänge und die Verschiedenheit der Körper auf eine Anzahl (63) sogenannter Elemente, d. h. solcher Körper zurück, welche sich bis jetzt einer weiteren Zerlegung in ungleichartige Bestandtheile als nicht fähig und durch alle seitherige Erfahrung als nach Qualität und Quantität unwandelbare Stoffe erwiesen haben. Dabei zieht sich aber durch alle Erklärungen der Chemiker eine Grundvorstellung, die schon lange in der Naturlehre eingebürgert und

---

[1]) Benutzt wurden: H. Kopp, theoretische Chemie, 1863; G. Th. Fechner, Atomenlehre, 1864; Aug. Kekulé, organische Chemie, 1861.

heutigen Tages eben so wenig dem Physiker wie dem Chemiker entbehrlich ist, nämlich die Grundvorstellung, dass die Materie aus gesonderten Theilchen bestehe. Diese unter dem Namen der Atomtheorie bekannte Grundvorstellung ist eine unumgängliche Voraussetzung für die Anwendbarkeit der mechanischen Wärmetheorie und aller auf chemische Erscheinungen bezüglichen Anschauungen dieser Lehre. Es erscheint desshalb geboten, die Berechtigung oder vielmehr die Nothwendigkeit der Atomtheorie auf Grund von vorzugsweise chemischen Betrachtungen in Kurzem nachzuweisen, um so mehr, da die Entbehrlichkeit, sogar Unhaltbarkeit der Atomtheorie noch häufig behauptet wird, wenn auch dieselbe dem Naturforscher und insbesondere dem Chemiker, weil er in ihren Anschauungen in die Wissenschaft eingeführt wird, meistens als selbstverständlich erscheint. Zuvor sei jedoch in Betreff dieser und anderer hier vorzuführenden Theorien folgende allgemeine Bemerkung gestattet.

Der eigentliche Werth einer Theorie besteht nicht etwa in der ihr zu Grunde liegenden Hypothese, sondern darin, dass sie erkannte Thatsachen einheitlich zu verknüpfen und neue Beziehungen zu erkennen gestattet. Insofern haben alle in der Chemie zugelassenen theoretischen Ansichten bleibenden Nutzen gewährt, wenn sie selbst auch längst durch andere Anschauungen verdrängt sind. Selbst als man nach Berücksichtigung der quantitativen Zusammensetzung da, wo die Phlogistontheorie eine Zersetzung annahm, das Gegentheil, eine Verbindung, anzunehmen genöthigt war, ging dadurch die systematische Zusammenfassung der seither als analog erkannten Erscheinungen nicht verloren, indem die Beziehungen, welche die Phlogistontheorie selbst in ihrer beschränkten Betrachtungsweise erkannt hatte, unumstösslich waren und sofort, wenn auch in anderer Ausdrucksweise, einen wesentlichen Bestandtheil der an ihre Stelle tretenden Anschauungen ausmachen mussten. Es erscheint somit durchaus ungerechtfertigt, die Existenz der Chemie als Wissenschaft von der Haltbarkeit einer gerade herrschenden Theorie abhängig wähnen zu wollen. Es liegt in der Natur der Sache und ist mit dem steten Fortschritt der Wissenschaft eng verknüpft, dass Theorien stets umfassender werden, oder falls sie sich einer fernern Erweiterung als nicht fähig erweisen, anderen umfassenderen Theorien weichen müssen, ohne dass damit die erkannten Beziehungen und Unterschiede, welche eine verdrängte Theorie auszudrücken und zu erschliessen gestattete, vernichtet werden.

Was nun die Atomtheorie im Besonderen als eine der Grundlagen unserer Ausführungen anlangt, so lässt sich als Ergebniss der anzustellenden Betrachtungen voraussagen, dass diese Theorie zur Erklärung der chemischen Erscheinungen unentbehrlich ist und dass sie sich bis jetzt dem ungeheuren Zuwachs stets neuer Thatsachen gegenüber fortwährend als erweiterungsfähig erwiesen hat. Auch hinsichtlich der Lehren der mechanischen Wärmetheorie, welche wir der Betrachtung der thermochemischen Erscheinungen zu Grunde legen, lässt uns die Atomtheorie nicht im Stich, sondern gewinnt dabei selbst an innerem Ausbau.

Die Chemie ist durch ihre Zerlegungsmittel bei gegenwärtig 63
Körpern angelangt, welche sie nicht ferner in ungleichartige Bestandtheile
zu trennen vermag, und die sie desshalb unzerlegte Körper oder auch
Elemente nennt, ohne damit zu behaupten, dass diese Körper wirklich
absolut einfache seien. Von diesen 63 unzerlegten Körpern findet sich
die Mehrzahl in der Natur nicht isolirt, sondern nur in Verbindung mit
anderen. Weitaus der grösste Theil der bekannten natürlich vorkommenden und künstlich dargestellten Körper ist zusammengesetzt, und
es lassen sich stets durch Zerlegung derselben zwei oder mehrere der bekannten Elemente erhalten. Es entstand nun die Frage, sind in den
zusammengesetzten Körpern, in den chemischen Verbindungen, die zusammensetzenden unzerlegbaren Körper, die Elemente, wirklich noch als
solche enthalten, bestehen sie darin mit ihren Eigenschaften fort und
kommt ihnen gesonderte Raumerfüllung zu oder nicht? Die Chemie hat
diese Frage im bejahenden Sinne beantwortet und zwar aus folgenden
Gründen.

Die Erfahrung hat bis jetzt durchweg gezeigt, dass die elementaren
Bestandtheile einer Verbindung stets wieder aus dieser in denselben Mengen
und mit denselben Eigenschaften erhalten werden können, mit welchen
sie die Verbindung eingingen. So ist — um das Lieblingsbeispiel der
Chemiker nicht zu umgehen — der Zinnober ein Körper, welcher sich
aus 32 Gewichtstheilen Schwefel und 200 Gewichtstheilen Quecksilber
zusammensetzt. Man nennt den Zinnober eine chemische Verbindung,
weil er, abgesehen von anderen bezeichnenden Eigenschaften, z. B. unter
dem Mikroskop als eine ganz gleichartige Masse erscheint. Welchen zersetzenden Einflüssen man den Zinnober auch unterwerfen mag, man erhält stets wieder Schwefel und Quecksilber in den angegebenen Gewichts-
verhältnissen und mit je denselben Eigenschaften, welche beiden vor der
Vereinigung zukamen. In gleicher Weise verhalten sich alle übrigen
chemischen Verbindungen: man erhält aus ihnen nur dieselben elementaren Bestandtheile, aus welchen sie sich auch zusammensetzen.

Aus dieser Unwandelbarkeit der Elemente hat man geschlossen,
dass sie in Verbindungen mit allen ihren Eigenschaften fortbestehen.
Eine Eigenschaft aller Elemente im freien Zustand ist aber selbständige
Raumerfüllung, und es wäre desshalb mit diesem Fortbestehen der Elemente mit allen ihren Eigenschaften am verträglichsten die fernere Annahme, dass die einzelnen Elemente auch in ihren Verbindungen gesonderte Räume einnehmen, dass nicht etwa in dem Zinnober derselbe Raum,
der von Quecksilber erfüllt wird, auch von Schwefel eingenommen werde,
und so eine gegenseitige Durchdringung stattfinde; sondern dass die
Räume, welche das Quecksilber erfüllt, gesondert sind von den Räumen,
welche der Schwefel erfüllt, dass also jedem der beiden Elemente gesonderte Raumerfüllung zukomme. — Möchte aber auch hierin kein zwingender Beweggrund gesehen werden zur Annahme gesonderter Raumerfüllung für die elementaren Bestandtheile zusammengesetzter Körper,

so wird diese Annahme dagegen durch andere Thatsachen zu einer unabweislichen.

Die Chemie kennt in grosser Zahl Körper, welche nach demselben Mengenverhältnisse derselben elementaren Bestandtheile zusammengesetzt sind und trotzdem als ganz verschiedene chemische Individuen betrachtet werden müssen, indem sie denselben Einflüssen unterworfen ganz verschiedenes Verhalten zeigen, z. B. unter der Einwirkung derselben zersetzenden Substanz sich in verschiedener Weise zersetzen. Solcher sogenannter isomerer Verbindungen giebt es z. B. mindestens fünf, welche alle in 102 Gewichtstheilen 60 Gewichtstheile Kohlenstoff, 10 Gewichtstheile Wasserstoff, 32 Gewichtstheile Sauerstoff enthalten und doch ganz verschiedenes chemisches Verhalten zeigen. Mit derselben zersetzenden Substanz, mit Kalihydrat zusammengebracht, liefert der eine baldriansaures Kali und Wasser, der andere buttersaures Kali und Methylalkohol, der dritte propionsaures Kali und Aethylalkohol, der vierte essigsaures Kali und Propylalkohol, der fünfte ameisensaures Kali und Butylalkohol. Wir hätten also hier fünf isomere Verbindungen, fünf chemisch verschiedene Körper, welche dieselben Elemente nach demselben Mengenverhältnisse enthalten. Würde eine stetige Raumerfüllung statthaben, so liesse sich nicht einsehen, wie dieselben Elemente, nach demselben Mengenverhältnisse sich durchdringend, chemisch ganz verschiedene Körper liefern können. Dagegen gibt uns die Annahme gesonderter Raumerfüllung der einzelnen Bestandtheile von dem Bestehen isomerer Verbindungen eine einfache Vorstellung, indem sie uns die Verschiedenheit der aus gleich grossen Mengen derselben Elemente zusammengesetzten Körper durch eine verschiedene räumliche Anordnung, eine verschiedene Gruppirung dieser Elemente erklärt. Und eben hierin, in der Fähigkeit, das Bestehen isomerer Verbindungen zu erklären, liegt nicht sowohl die Berechtigung, sondern vielmehr, da keine andere Hypothese Gleiches leistet, die Nothwendigkeit der Annahme gesonderter Raumerfüllung für die Bestandtheile zusammengesetzter Körper.

Sprechen wir aber den Bestandtheilen chemischer Verbindungen gesonderte Raumerfüllung zu, so müssen wir nothwendig auch zur Annahme von Atomen schreiten. Betrachten wir nämlich irgend einen zusammengesetzten Körper, etwa wieder Zinnober! Zinnober besteht aus Schwefel und Quecksilber. Durch Zerreiben lässt sich derselbe in sehr kleine Theilchen bringen. Ein jedes derselben besteht noch aus Schwefel und Quecksilber, und zwar müssen letztere, wie wir vorhin sahen, als räumlich gesondert betrachtet werden. Denken wir uns nun die mechanische Theilung immer weiter fortgesetzt, so muss schliesslich eine Grenze eintreten, bei deren Ueberschreiten die Theilungsproducte nicht mehr wie vorher Zinnober, sondern etwas mit letzterem Ungleichartiges, etwa Schwefel und Quecksilber sein werden. Es wäre dann zwischen den ein Zinnobertheilchen zusammensetzenden Bestandtheilen Schwefel und Quecksilber durchgeschnitten worden. Wir sind also durch fortgesetzt gedachte

Theilung des Zinnobers zu einer Menge gelangt, welche eine weitere Theilung nicht zulässt, ohne dass die Theilungsproducte mit dem der Theilung Unterworfenen, dem Zinnober, und unter sich ungleichartig werden. Diese Menge nennen wir ein Atom Zinnober. Es versteht sich von selbst, dass dieses sogenannte Atom Zinnober noch einer chemischen Theilung in Schwefel und Quecksilber fähig ist. — Eine gleiche Betrachtung lässt für alle zusammengesetzten Körper die Annahme von Atomen als unabweisbar erscheinen, von kleinsten Mengen, welche einer weitern Theilung nicht fähig sind, ohne dass die Theilungsproducte unter sich und mit dem der Theilung Unterworfenen ungleichartig ausfallen. Die Atome bezeichnen mithin zunächst die kleinsten Mengen von Substanz, welche für sich bestehen oder selbständig Raum erfüllen.

Was die unzerlegten Körper, die Elemente, anlangt, so stimmt der Begriff eines Atoms derselben mit dem Begriff eines Atoms der nachweisbar zusammengesetzten Körper überein, wenn man die Elemente für gleichfalls zusammengesetzt ausgibt, wozu Manches berechtigt. Behauptet man dagegen die Einfachheit der Elemente, so ist als Atom die geringste ungetheilt bestehende Menge zu betrachten. Man wird also das elementare Atom ermitteln, indem man die geringsten Mengen der Elemente aufsucht, welche in einem Atom chemischer Verbindungen enthalten sind. So betrachtet man z. B. die ein Atom Zinnober zusammensetzenden Mengen einerseits von Quecksilber, andererseits von Schwefel als die Atome des Quecksilbers und Schwefels, als die geringsten Mengen von Quecksilber und Schwefel, welche als raumerfüllend in Betracht kommen.

Zugefügt muss hier noch werden, dass man bis jetzt nicht die absolute Grösse der Atome, sondern nur das Verhältniss der Gewichte der Atome verschiedener Körper zu erkennen vermag. Wenn man also sagt, das Atomgewicht des Quecksilbers sei 200, dasjenige des Schwefels 32, so soll diess nur heissen, das Atom des Quecksilbers sei $6^1/_4$ mal so schwer als das Atom des Schwefels.

Ferner sei bemerkt, dass man zwei [1]) kleinste Mengen unterscheidet, indem man die kleinste Menge eines Körpers, welche in freiem Zustande besteht und mithin als kleinste bei chemischen Umsetzungen in Wechselwirkung tritt, mit dem Namen Molecül bezeichnet, und den Namen Atom denjenigen kleinsten Mengen der Körper beilegt, welche in chemischen Verbindungen vorkommen. Für zusammengesetzte Körper bezeichnen Atom und Molecül im Allgemeinen dieselbe relative Gewichtsmenge, indem z. B. dieselbe Menge Salzsäure, welche als kleinste in freiem Zustand auftritt, auch als kleinste chemische Verbindungen eingeht; doch besteht z. B. ein Molecül Aethyl aus 2 Atomen Aethyl. Dagegen ist für die Elemente im Allgemeinen das Moleculargewicht das Doppelte des

---

[1]) Vgl. z. B. Kekulé, organ. Chem. 1861, I, 97 ff.; Kopp, theoret. Chem. 1863, 352 ff.

Atomgewichts, wiewohl es auch Elemente giebt, deren Molecül nicht aus zwei, sondern aus drei (Ozon) und vier (Phosphor, Arsen) gleichartigen elementaren Atomen zusammengesetzt ist, während bei anderen Stoffen das elementare Atom zugleich auch das Molecül darstellt (Quecksilber), welch letzteres Verhältniss bei genügend hohen Temperaturen wohl für alle Elemente statthaben wird.

Die Wege zu erläutern, auf welchen man das Atomgewichtsverhältniss besonders der unzerlegten Körper ermittelt hat, würde ohne ausführlicheres Eingehen auf zahlreiche chemische Thatsachen nicht möglich sein. Es sei desshalb nur ganz im Allgemeinen erwähnt, dass man für die Feststellung der Atomgewichte der Elemente als Grundlage genommen hat das Mengenverhältniss, in welchem die Elemente chemische Verbindungen zusammensetzen, sowie besonders das Mengenverhältniss, in welchem die einzelnen Elemente sich in chemisch ähnlichen und gleiche Krystallform zeigenden Körpern, in sogenannten isomorphen Verbindungen, gegenseitig vertreten. Den zuverlässigsten Anhaltspunkt zur Bestimmung der Atomgewichte geben uns die relativ kleinsten Mengen der Elemente, welche in gleichen Volumen gas- oder dampfförmiger Verbindungen enthalten sind. Auch die specifische Wärme hat man als Hilfsmittel zur Feststellung der Atomgewichte benutzt. — Man ist so zu folgenden Verhältnisszahlen für die Atomgewichte der Elemente gelangt, für welche man das Atomgewicht des Wasserstoffs = 1 gesetzt hat, weil es das kleinste ist.

Atomgewichte [1]) der nach ihrer Werthigkeit [2]) geordneten Elemente.

1) der einwerthigen.

Wasserstoff	H		1
Chlor	Cl		35,46
Brom	Br		79,95
Jod	J		126,85
Fluor	Fl		19,0
Silber	Ag		107,93
Kalium	K		39,14
Natrium	Na		23,04
Lithium	Li		7,02
Cäsium	Cs		133,0
Rubidium	Rb		85,4

[1]) Die aufgeführten Atomgewichtszahlen sind entnommen aus E. Erlenmeyer's organ. Chemie 1867, S. 46.

[2]) Vgl. bezüglich dieses Begriffs die folgenden Seiten.

Atomgewichte.

2) der zweiwerthigen.

Sauerstoff	O	16
Schwefel	S	32,07
Selen	Se	78,8
Tellur	Te	128,3
Quecksilber	Hg	200,2
Kupfer	Cu	63,5
Cadmium	Cd	111,9
Zink	Zn	65,0
Magnesium	Mg	24,0
Calcium	Ca	40,0
Strontium	Sr	87,6
Barium	Ba	137,1
Cerium	Ce	92,0
Lanthan	La	92,0
Didym	Di	96,0
Erbium	Er	112,6
Yttrium	Y	63,0
Indium	In	74,0

3) der dreiwerthigen.

Thallium	Tl	204
Bor	Bo	11,0
Gold	Au	196,7
Wismuth	Bi	208,0
Stickstoff	N	14,04
Phosphor	P	31,0
Arsen	As	75,0
Antimon	Sb	120,6

4) der vierwerthigen.

Kohlenstoff	C	12
Silicium	Si	28,5
Zirkon	Zr	90,0
Thorium	Th	230,0
Titan	Ti	48,1
Zinn	Sn	117,6
Blei	Pb	207,0
Eisen	Fe	56,05
Mangan	Mn	55,14
Chrom	Cr	52,6
Nickel	Ni	58,74
Kobalt	Co	58,74

Uran . . . . . Ur . . . 120,0
Aluminium . . . Al . . . 27,3
Beryllium . . . Be . . . 9,3
Palladium . . . Pd . . . 106,0
Ruthenium . . . Ru . . . 104,3
Rhodium . . . . Rh . . . 104,3
Platin . . . . . Pt . . . 197,1
Iridium . . . . Ir . . . 197,1
Osmium . . . . Os . . . 199,0

5) der fünfwerthigen.

Niob . . . . . Nb . . . 94
Tantal . . . . . Ta . . . 182

6) der sechswerthigen.

Molybdän . . . . Mo . . . 92
Vanadin . . . . Va . . . 137
Wolfram . . . . Wo . . . 184

Die chemischen Verbindungen entstehen erfahrungsmässig in der Art, dass sich die durch die angegebenen Gewichtsmengen bezeichneten elementaren Atome mit einander vereinigen. Die Ursache dieser Vereinigung kennt man nicht und nimmt desshalb als solche eine besondere Kraft, die chemische Verwandtschaft an. Die Atome der verschiedenen Elemente zeigen aber bezüglich des Umfangs dieser Verwandtschaft nicht alle gleichen Werth. Während nämlich von den Elementen der ersten Gruppe ein Atom des einen Elementes sich mit einem Atom eines anderen zu einer chemischen Verbindung vereinigt, erfordert ein Atom eines Elementes der zweiten Gruppe zwei Atome eines Elementes der ersten Gruppe, um eine chemische Verbindung zu bilden, u. s. f., wie folgende Beispiele zeigen:

HCl	H_2O	H_3N	H_4C
Salzsäure	Wasser	Ammoniak	Sumpfgas

Wie man nun das Atomgewicht des Wasserstoffs $= 1$ setzt, so schreibt man auch bezüglich des Umfangs der chemischen Verwandtschaft dem Wasserstoffatom und somit jedem Atom der Elemente der ersten Gruppe eine Verwandtschaftseinheit zu; es besitzt dann jedes Atom der Elemente der zweiten Gruppe zwei Verwandtschaftseinheiten u. s. f. Die Elemente der ersten Gruppe nennt man einwerthige (univalente), die der zweiten Gruppe zweiwerthige (bivalente) u. s. f. Die eben aufgeführten einfachsten Beispiele für die möglichen Combinationen der elementaren Atome hat man mit dem Namen der einfachen Typen bezeichnet. Da die Combinationen bedingt sind durch die Zahl der den

einzelnen in Verbindung tretenden Atomen zukommenden Verwandtschaftseinheiten, so drücken die Typen zunächst nur Zahlenverhältnisse für den
Umfang der Verwandtschaft aus. Es leuchtet aber ein, dass Verbindungen, welche demselben Typus zugehören, welche gleiche atomistische Zusammensetzung besitzen, auch ein ähnliches chemisches Verhalten zeigen
werden, wie diess die Erfahrung bestätigt, und in diesem Sinne spricht
man von typischen Eigenschaften chemischer Verbindungen. Com-
plicirtere Verbindungen lassen sich gleichfalls auf die aufgeführten einfachen Typen beziehen, indem man an Stelle eines einwerthigen Atoms
ein einwerthiges Radical, d. h. eine Atomgruppe, welche noch eine
freie Verwandtschaftseinheit bietet, an Stelle eines zweiwerthigen elementaren Atoms ein zweiwerthiges Radical u. s. f. eintreten lässt. Aehn-
liches lässt sich durch Anwendung der sogenannten vielfachen und
gemischten Typen [1]) erreichen.

Ganze Gruppen von Verbindungen, welchen gleiche atomistische
Constitution zukommt, welche gemäss dem Vorstehenden demselben Typus
angehören, zeigen eine gewisse Aehnlichkeit des chemischen Verhaltens.
Diese konnte nun den Chemikern nicht verborgen bleiben, als man selbst
noch keine Ahnung von der Ursache derselben, von der verschiedenen
Werthigkeit verschiedener Gruppen von elementaren Atomen hatte.
Hieraus erklärt sich nicht nur das frühere Bestehen der Typentheorie,
sondern auch die Unklarheit, an der sie früher litt. Erst als man anfing,
die Ursache der Aehnlichkeit ganzer Gruppen von chemischen Verbindungen und der Verschiedenheit der einzelnen Gruppen in den Atomen selbst
zu suchen, als der Grundsatz der Werthigkeit (Quantivalenz) der elementaren Atome zur Anerkennung gelangte und der Idee der Typen unter-
legt wurde, ergab sich auch der wahre einfache Sinn der Typen, wie derselbe vorhin kurz angedeutet wurde. — Dass eine mehr ins Einzelne
gehende Inbetrachtziehung der Constitution chemischer Verbindungen
schliesslich bei der Werthigkeit und der Stellung jedes einzelnen elementaren Atoms anlangen muss, und also bei weiterem Fortschreiten der
Wissenschaft die typische Betrachtungsweise immer mehr in den Hinter-
grund treten wird, liegt auf der Hand.

Es erhellt wohl aus dem Vorhergehenden, dass die atomistische
Betrachtungsweise nicht sowohl mit den vorliegenden chemischen
Thatsachen in Einklang steht, als vielmehr geradezu von denselben ge-
fordert wird. Und hierin liegt der natürliche Grund, warum die
Chemiker so allgemein an der Atomtheorie festhalten. Die Atomtheorie
wurde in der Chemie von Dalton [2]) zuerst durchgeführt zwischen 1804
und 1808. Wenn sie auch von Anderen vielfach früher ausgesprochen
worden war, so wurde doch von denselben ihre Berechtigung und Anwend-

[1]) Vgl. z. B. Kekulé, organ. Chem. 1861, I, 117 bis 124; Kopp, theoret.
Chem. 1863, 308 bis 318.
[2]) Vgl. Kopp, Geschichte der Chem. 1842, I, 365; 1844, II, 388.

barkeit nicht an den Thatsachen nachgewiesen. Seit ihrer Einführung hat die Atomtheorie in der grossen Zahl fortwährend zu Tage geförderter Thatsachen bis jetzt keine einzige gefunden, welche ihr entgegensteht; sie wurde vielmehr durch alle seitherigen Erfahrungen stets fester begründet und weiter ausgebildet. Auch die Typentheorie giebt uns in ihren verschiedenen Entwickelungszuständen ein Bild von der fortschreitenden Ausbildung der Atomtheorie, indem sie zeigt, wie durch sorgfältige Vergleichung der durch zahlreiche Versuche ermittelten mannigfachen Thatsachen nach und nach eine neue Seite der Atomtheorie erschlossen, die Erkenntniss des Umfangs der chemischen Verwandtschaft der elementaren Atome, ihrer Werthigkeit (Quantivalenz), angebahnt und erreicht wurde. Die Chemie hat somit in der letzten Zeit eine Leistung mehr aufzuweisen in der Erforschung der Eigenschaften der elementaren Atome, derjenigen Grössen, welche sie bis jetzt als die allein beständigen und unveränderlichen Bausteine ansehen muss, aus welchen sich die übrigen wandelbaren Stoffe zusammensetzen. Sie ist mithin ihrem Ziele um einen Schritt näher gerückt, das nach dem gegenwärtigen Stand der Wissenschaft in nichts Anderem gesehen werden kann, als in der Zurückführung der chemischen Erscheinungen auf unveränderliche Eigenschaften unwandelbarer Atome.

Man kann nun freilich nicht behaupten, dass die für die Chemiker bis jetzt unzerlegbaren Körper wirklich absolut einfache Stoffe seien. Im Gegentheil hat man hinreichend Grund zu vermuthen, dass die bisher als Elemente bezeichneten Körper ihrerseits wiederum zusammengesetzt und zwar nicht einmal alle in gleichem Grade zusammengesetzt seien[1]). Es können aber dahin einschlägige Betrachtungen weder an den Zielen der Chemie etwas ändern, die sich zunächst an das thatsächlich Gegebene halten muss, noch würde selbst der thatsächliche Nachweis des Zusammengesetztseins der jetzigen Elemente im Geringsten die chemische Atomtheorie gefährden können, die ja gerade von zusammengesetzten Körpern sich ihren Begriff des Atoms herleitet.

Ueberhaupt leitet sich die chemische Atomtheorie, wie ich gezeigt zu haben glaube, zunächst aus rein chemischen Betrachtungen ab, wenn sie sich auch in zweiter Linie auf physikalische[2]) Speculationen stützt, in soweit sie hierin durch die Erfahrung ihre Berechtigung findet.

So gut wie nichts hat aber die chemische Atomtheorie mit der schon von Leucipp und Demokrit aufgestellten atomistischen Lehre gemein, welche vielfach bekämpft wurde und wird, freilich mitunter in dem Wahne, als ob durch deren Widerlegung der heutigen Naturlehre, insbesondere der Chemie ein gewaltiger Stoss versetzt werde. Während nämlich die demokritischen Atome die unveränderlich letzten, nicht weiter theilbaren Bestandtheile aller körperlichen Dinge sein sollen, sind die

---

[1]) Vgl. Kopp, Ann. d. Chem. u. Pharm. 1864, Suppl. III, 336 bis 342.
[2]) Siehe hierüber: Atomenlehre von Fechner, 1864, S. 22 bis 50.

chemischen Atome entweder, wie die elementaren, nur ungetheilt oder, wie diejenigen zusammengesetzter Körper, geradezu theilbar; während ferner die Qualität der demokritischen Atome bis auf Gestalt und Grösse gleich aber unbekannt ist, sind die Eigenschaften der chemischen Atome verschiedener Körper ungleich aber grossentheils bekannt. Es sind also demokritische und chemische Atomtheorie so grundverschieden, wie atomistische Lehren es überhaupt nur sein können. Denjenigen, welche mit der Atomenlehre des Leucipp und Demokrit zugleich die Atomtheorie der heutigen Naturwissenschaft widerlegt zu haben wähnen, kann man mit Fechner [1]) zurufen: „um sie (die Hauptgründe des atomistischen Standpunkts) zu bestreiten oder nur zu beurtheilen, gilt es jedenfalls erst, sie zu kennen.“

Und wenn mit Recht, wie jedem Atomistiker, so auch dem Chemiker der Vorhalt gemacht werden kann, dass er seine Atome nicht einzeln aufzuweisen vermöge, so muss es gewiss der Chemie um so höher angerechnet werden, dass sie trotzdem Eigenschaften ihrer Atome, wie relatives Gewicht und relative Werthigkeit in Zahl und Maass auszudrücken vermag, zum neuen Beleg, „dass der Forschung nirgends eine ewige Grenze, wenn auch ewig eine Grenze gesteckt ist.“

Soll in Kurzem die Leistungsfähigkeit der Atomenlehre bezeichnet werden, so mag dies am passendsten mit den Worten Fechner's geschehen [2]): „Der Atomistiker kann verschiedene Dichtigkeit, Härte, Elasticität, Blätterdurchgänge, Ausdehnung durch die Wärme, Krystallform, Aggregatzustände, chemische Proportionen, Isomerie u. s. w. unter einfachen, klaren und klar darstellbaren Gesichtspunkten verknüpfen und denselben Principien des Gleichgewichts und der Bewegung unterordnen, auf welche er auch sonst überall Klarheit, Präcision und Ableitungen zu gründen vermag, auf welche sich überhaupt die physikalische Methode stützt.“

In dieser Leistungsfähigkeit liegt nicht nur die Berechtigung, sondern auch, da bis jetzt keine andere Theorie Gleiches zu bieten vermag, die Nothwendigkeit der Atomenlehre.

Die Aequivalenz von Wärme und Arbeit.

a) Arbeit und lebendige Kraft.

Wie der Satz der Aequivalenz zwischen Wärme und Arbeit überhaupt der Ausgangspunkt für die mechanische Wärmetheorie ist, so müssen wir ihn auch für die Behandlung der Beziehungen zwi-

---

[1]) Atomenlehre, 1864, S. 3.
[2]) Ebendas. S. 44.

schen Wärme und chemischen Erscheinungen nicht nur gleichfalls zu
Grunde legen, sondern später sogar noch etwas erweitern, indem wir die
zwischen Wärme und mechanischer Arbeit statthabenden Beziehungen auch
auf das Verhältniss der Wärme zu chemischer Arbeit übertragen.

Die Bewegungslehre spricht von Arbeit überall da, wo der Angriffspunkt einer Kraft, d. h. eines Drucks oder eines Zugs in der Richtung,
in welcher die Kraft, der Druck oder Zug wirkt, einen Weg zurücklegt.
Wenn wir z. B. ein Gewicht von 5 Kilogramm 4 Meter hoch heben, also
einen Druck von 5 Kilogramm auf einer Strecke von 4 Metern ausüben,
so verrichten wir eine Arbeit. Der Betrag dieser Arbeit bestimmt sich
durch die Grösse des gehobenen Gewichts, d. i. des ausgeübten Drucks,
und durch die Länge des Weges. Man nimmt als Maasseinheit für Arbeitsleistungen das Meterkilogramm, d. i. diejenige Arbeit, welche geleistet wird, wenn man 1 Kilogramm 1 Meter hoch hebt. Hebt man
1 Kilogramm 5 Meter hoch, oder 5 Kilogramm 1 Meter hoch, so verrichtet man eine Arbeit von 1 . 5 $=$ 5 . 1 $=$ 5 Meterkilogramm. Hebt
man 5 Kilogramm 4 Meter hoch, oder auch 4 Kilogramm 5 Meter hoch,
so verrichtet man eine Arbeit von 5 . 4 $=$ 4 . 5 $=$ 20 Meterkilogramm.
Allgemein bestimmt man eine Arbeitsleistung, indem man den Druck
mit der Länge des Weges multiplicirt, welchen der Angriffspunkt in der
Richtung des Drucks, der Kraft, zurücklegt. Eine derartige Schätzung
von Arbeitsleistungen ist längst üblich. Um die Reibung der auf den
Chausseen oder auf den Schienen sich bewegenden Fuhrwerke oder Eisenbahnwagen zu überwinden, ist ein gewisser Druck nöthig, der im Verhältnisse zur Last steht. Demgemäss lassen sich Frachtfuhrleute wie
Eisenbahnverwaltungen unter sonst vergleichbaren Verhältnissen die Be-
förderung von Fracht sowohl nach Gewicht als nach Meilenzahl vergüten,
sie berechnen also als Arbeitsleistung das Product des Drucks in den
Weg. Der Arbeitswerth des fliessenden Wassers, welches z. B. ein Mühlrad treiben soll, wird in gleicher Weise bestimmt durch das Product der
in einer gewissen Zeit verfügbaren Wassermenge in das verwendbare
Gefälle. Die Arbeit des Wassers setzt sich um in die Bewegung des
Mühlrads, d. h. wir haben in dem sich bewegenden Mühlrad denselben
Arbeitsvorrath, wie in dem Wasser, bevor es fiel. Ein Arbeitsvorrath
kann also auch in der Weise benutzt werden, dass eine Masse nicht gehoben, sondern ihr eine gewisse Geschwindigkeit mitgetheilt wird. In
ähnlicher Weise verrichten die durch Entzündung von Schiesspulver sich
entwickelnden Gase eine Arbeit, indem sie auf die Flintenkugel drücken
und ihr eine gewisse Geschwindigkeit ertheilen. Die von den Pulvergasen geleistete Arbeit bestimmt sich wiederum durch das Product des
auf die Flintenkugel ausgeübten Drucks in die Wegstrecke, auf welcher
dieser Druck ausgeübt wurde, d. h. in die Länge des Flintenrohrs. Der
in dem verbrauchten Schiesspulver gelegene Arbeitsvorrath findet sich
wieder in der Bewegung der Flintenkugel. Um dieser ihre Geschwindigkeit zu entziehen, ist dieselbe Arbeit nur in entgegengesetzter Richtung

nöthig, welche aufgewandt wurde, um ihr die erlangte Geschwindigkeit
zu ertheilen. Aus der Masse und der Geschwindigkeit der Flintenkugel
lässt sich rückwärts die zur Hervorbringung der Bewegung von den
Pulvergasen geleistete Arbeit ableiten. Es lässt sich nämlich der im
Vorhergehenden veranschaulichte Zusammenhang zwischen einer Arbeit
einerseits und der durch ihren Verbrauch bewegten Masse und der
dieser ertheilten Geschwindigkeit andererseits mathematisch feststellen.
Hierzu mag aber zuvor kurz an die Begriffe Geschwindigkeit, Kraft, Beschleunigung, Masse u. dergl. erinnert werden [1]).

Unter **Geschwindigkeit** versteht man den in der Zeiteinheit, der
Secunde, zurückgelegten, in Längeneinheiten, Metern, gemessenen Weg.
Die **Masse** bezeichnet die Summe der materiellen Theile eines Körpers.
Alle Körpertheilchen und folglich auch ihre Summen, die Massen, sind
mit der Eigenschaft begabt, auf einander einzuwirken, sich anzuziehen
oder abzustossen. Die Ursachen dieser als Druck (oder Zug) zwischen
den Massen sich äussernden Einwirkungen nennt man **Kräfte**. Die Ursache der wechselseitigen Anziehung aller Körper in der Natur nennt
man **Gravitation**. Diese wechselseitige Anziehung der Körper steht im
Verhältnisse ihrer Massen und im umgekehrten Verhältnisse der Quadrate
des Abstands ihrer Schwerpunkte, d. h. derjenigen Punkte, in welchen
man sich ihre Massen hinsichtlich der Wirkung nach aussen vereinigt
denken kann. Die zwischen der Erdmasse und ihren Theilen stattfindende wechselseitige Anziehung wird insbesondere **Schwere** genannt.
In Folge derselben erfahren die Körper einen Druck, den sie auf ihre
Unterlage ausüben. Die Geschwindigkeit, welche eine Kraft, ein Druck,
einem Körper in der Zeiteinheit ertheilt, heisst **Beschleunigung** c; die
nach t Zeiteinheiten erlangte **Endgeschwindigkeit**

$$v = ct \ldots \ldots \ldots \ldots \ldots \ldots (1)$$

Die unter dem Einflusse der Schwere erfolgende Beschleunigung eines Körpers, welche man im Besonderen durch g zu bezeichnen pflegt, ist unter verschiedenen Verhältnissen verschieden gross. Sie wird z. B. geringer bei
grösserer Entfernung des Körpers vom Schwerpunkt der Erde, da die
wechselseitigen Anziehungen von Massen erfahrungsmässig im umgekehrten Verhältnisse der Quadrate der Abstände ihrer Schwerpunkte stehen.
In demselben Maasse aber, wie der Druck p abnimmt, welchen ein Körper in Folge der Schwere erfährt, wird auch die Beschleunigung g geringer, da die zu bewegende Masse eines Körpers, d. h. die Summe seiner materiellen Theilchen, unter allen Umständen constant ist. Hieraus
folgt, dass auch der Quotient $\dfrac{p}{g}$ eine für denselben Körper unter allen
Umständen constante Grösse ist. Es ist aber unter denselben Umständen die Beschleunigung nicht sowohl verschieden grosser Stücke desselben Stoffs, sondern auch beliebiger Mengen verschiedener Stoffe gleich

---

[1]) Vgl. Buff, Kopp und Zamminer, physikal. Chem. 1863, 55 ff.

gross. Demnach ist der Druck, welchen die Körper in Folge der Schwere erfahren, ihrer Masse proportional und unabhängig von ihrer stofflichen Beschaffenheit. Da nun für denselben Körper $\frac{p}{g}$ eine constante Grösse ist, so bezeichnet der Mechaniker durch diesen Quotienten die ebenfalls unter allen Umständen unveränderliche Masse m eines Körpers, so dass $m = \frac{p}{g}$. Man findet also die Masse eines Körpers im Sinne der Mechanik, indem man seinen mit verschiedenen Umständen veränderlichen Druck durch die jedesmalige Beschleunigung theilt. Die von dem Chemiker zur Bestimmung von Massen angewandte Maasseinheit steht zu derjenigen des Mechanikers in naher Beziehung. Der Chemiker vergleicht vermittelst der Wage den Druck eines Körpers mit demjenigen einer ursprünglich willkürlich gewählten Masse, welche man Gewichtseinheit nennt. Wenn ein Körper, dessen Masse zu bestimmen ist, denselben Druck ausübt wie die Gewichtsstücke, so ist die Masse desselben gleich derjenigen der Gewichte, unabhängig vom Orte, wo die Wägung vorgenommen wird, indem sich Aenderungen der Schwere in gleicher Weise auf die Gewichte wie auf den abzuwägenden Körper erstrecken. Beim Wägen kommt es also auf den absoluten Werth des Drucks nicht an, sondern nur auf Ermittelung der Zahl der Gewichtseinheiten, welche unter denselben Verhältnissen denselben Druck ausüben, also dieselbe Masse besitzen wie der abzuwägende Körper [1]). Den Druck nun, welchen die Gewichtseinheit an einem Orte ausübt, an dem die Beschleunigung der Schwere $g = 9{,}8$ oder genauer $9{,}80896$ Meter beträgt, nimmt man als Druckeinheit oder Krafteinheit. Da nun $\frac{p}{g}$ für jeden Körper constant ist, so findet man auch die Masse eines Körpers in Masseneinheiten m, indem man seine in Gewichtseinheiten angegebene Masse, sein Gewicht G durch $9{,}8$ theilt, d. h. es ist $m = \frac{G}{9{,}8}$. Man hat demnach zwei Wege, um die Masse eines Körpers in Masseneinheiten des Mechanikers, wofür künftig schlechtweg Masse gebraucht werden soll, zu finden. Entweder man theilt den unter verschiedenen Umständen verschiedenen, etwa durch eine Federwage zu ermittelnden Druck p, welchen der Körper vermöge der Schwere auf seine Unterlage ausübt, durch die zugehörige Beschleunigung; oder man theilt sein nach dem üblichen Wägungsverfahren überall gleiches Gewicht, seine in Gewichtseinheiten angegebene Masse G durch $9{,}8$. Es ist also die Masse eines Körpers

---

[1]) Mithin steht die gewöhnliche Begriffsbestimmung von Gewicht als Druck, den die irdischen Körper in Folge der Schwere erfahren und auf ihre Unterlage ausüben, in Widerspruch mit dem üblichen Wägungsverfahren. Da diese Nichtübereinstimmung von theoretischer Erklärung und praktischer Bestimmung manche Verwirrung bezüglich einiger Grundbegriffe der Bewegungslehre zur Folge haben kann, so sind in obiger Entwickelung Druck (in Folge der Schwere) und Gewicht eines Körpers als zwei verschiedene Dinge dargestellt worden.

$$m = \frac{p}{g} = \frac{G}{9,8} \quad \ldots \ldots \ldots \ldots \quad (2)$$

Aus dieser Gleichung folgt auch $g = \frac{p}{m}$. Da nun auch für andere Kräfte als die Schwere die Beschleunigung der wirkenden Kraft p direct und der zu bewegenden Masse m umgekehrt proportional sein muss, so ist allgemein

$$c = \frac{p}{m} \quad \ldots \ldots \ldots \ldots \quad (3)$$

Es ist nun der bei gleichförmig beschleunigter Bewegung zurückgelegte Weg

$$s = \tfrac{1}{2} v t, \quad \ldots \ldots \ldots \ldots \quad (4)$$

oder wenn man für t den durch Gleichung (1) gegebenen Werth setzt

$$s = \frac{v^2}{2 c} \cdot \quad \ldots \ldots \ldots \ldots \quad (5)$$

Setzt man hierin für c den durch Gleichung (3) gegebenen Werth, so ist

$$s = \frac{m v^2}{2 p}, \quad \text{woraus}$$

$$p s = \frac{m v^2}{2} \cdot \quad \ldots \ldots \ldots \ldots \quad (6)$$

Die linke Seite vorstehender Gleichung stellt das Product des in Gewichtseinheiten angegebenen Drucks p in den in der Richtung desselben vom Angriffspunkt zurückgelegten Weg s, also die Arbeit dar, welche aufgewandt wurde, um der Masse m die Geschwindigkeit v zu ertheilen. Die rechte Seite $\tfrac{1}{2} m v^2$ hat man mit dem Namen der **lebendigen Kraft** bezeichnet, sie stellt den **Arbeitsvorrath** in der mit der Geschwindigkeit v sich bewegenden Masse m dar. Es lässt sich nämlich durch geeignete Vorrichtungen die lebendige Kraft einer sich bewegenden Masse wieder zu Arbeitsleistungen verwenden. So wird z. B. der in einem sich bewegenden Geschosse gelegene Arbeitsvorrath, seine lebendige Kraft, bestimmt, indem man als Kugelfang ein Pendel von geeigneter Einrichtung, das sogenannte ballistische Pendel, anwendet. Durch den Druck der sich bewegenden Kugel wird das Pendel aus seiner Gleichgewichtslage gebracht und somit sein Schwerpunkt gehoben. Die hierfür durch Einbusse der Geschwindigkeit der Kugel geleistete Arbeit giebt gemäss der Gleichung (6) einen Maassstab für die lebendige Kraft der Kugel und lässt rückwärts die Wirkung des Pulvers beurtheilen.

Die in diesem Capitel angeführten Beispiele veranschaulichen einerseits den Begriff der Arbeit, welche geleistet wird, wenn der Angriffspunkt eines Drucks in dessen Richtung einen gewissen Weg zurücklegt, mag dieselbe nun dazu dienen, eine Last zu heben oder einem Körper eine gewisse Geschwindigkeit zu ertheilen. Andererseits deuten dieselben darauf hin, dass eine aufgewandte Arbeit nicht verloren ist, sondern sich in der Arbeitsleistung als Arbeitsvorrath wiederfindet. Ein gehobenes Gewicht kann, indem es sich wieder senkt, etwa durch Vermittelung einer

Rolle, dieselbe Arbeit leisten, welche zu seiner Hebung erfordert wurde; ein in Bewegung versetzter Körper kann, indem er auf andere drückt und dadurch seine Geschwindigkeit einbüsst, dieselbe Arbeit leisten, welche zur Erzeugung seiner Bewegung erfordert wurde.

b) Verwandlung von Arbeit in Wärme und von Wärme in Arbeit.

Nicht jedem Verbrauch von Arbeit entspricht die Leistung einer entgegengesetzten Arbeit oder die Uebertragung eines Arbeitsvorraths auf eine bewegte Masse. Es lassen sich aber dann andere Wirkungen, vorzugsweise die Erzeugung von Wärme nachweisen. So verschwindet Arbeit und es entsteht erfahrungsmässig Wärme:

Durch Reibung [1], z. B. beim Schleifen eines Messers, beim Aneinanderreiben der Hände, beim Bremsen der Eisenbahnwagen und Fuhrwerke, beim Entzünden der Streichhölzer, beim Feuerschlagen mittelst Stahl und Stein, beim Sägen, beim Bohren der Kanonen [2] und überhaupt bei der Anwendung aller Maschinen, für welche der Nutzeffect um so mehr hinter der zur Bewegung der Maschine aufgewandten Arbeit zurückbleibt, je grösser die Reibung ist, weshalb man letztere durch besondere Vorrichtungen und durch Anwendung von Schmiermitteln möglichst zu verringern sucht.

Durch Druck, z. B. beim Zusammendrücken von Holz oder Metall durch die hydraulische Presse [3], von Luft durch das pneumatische Feuerzeug.

Durch Stoss, z. B. beim Hämmern von Blei [4], beim Auffallen, z. B. von Quecksilber [5] in ein Gefäss, von Wasser bei Wasserfällen [6], einer Bleikugel auf den Fussboden [7], durch Schütteln von Wasser in einem Gefässe [8].

In den als Beispiele angeführten Fällen wird Arbeit nicht vernichtet, sondern nur in Wärme verwandelt.

Die umgekehrte Verwandlung, diejenige von Wärme in Arbeit, wird vermittelst eigens dazu construirter Maschinen in grossartigem Maassstab ausgeführt. Durch Vermittelung der Dampfmaschinen und calorischen

---

[1] Vgl. die eben so streng wissenschaftliche als leicht fassliche Darstellung von John Tyndall, die Wärme betrachtet als eine Art der Bewegung, deutsche Ausgabe, 1867, durch H. Helmholtz und G. Wiedemann, S. 6 ff.

[2] Vgl. den Abschnitt über „das Wesen der Wärme".

[3] Tyndall, die Wärme u. s. w. S. 8.

[4] Daselbst.

[5] Das. S. 9.

[6] Das. S. 10.

[7] Das. S. 53.

[8] J. R. Mayer, Ann. d. Chem. u. Pharm. 1842, XLII, 238 und die Mechanik der Wärme, 1867, S. 8.

Maschinen wird durch Verbrennen von Steinkohlen erzeugte Wärme zur
Leistung mechanischer Arbeit verbraucht. Wie besondere Versuche [1] ergeben haben, tritt nicht sämmtliche im Feuerraum durch chemische Vorgänge erzeugte Wärme wieder anderwärts, im Kühlwasser und in den
Theilen und der Umgebung der Maschine, als Wärme auf, sondern es
verschwindet geradezu ein Theil der erzeugten Wärme, welcher der geleisteten Arbeit entspricht. Auch der Thierorganismus lässt sich als
eine Maschine betrachten, welche ebenfalls die Umwandlung von chemischen Vorgängen entstammender Wärme in Arbeit ausführt.

Diese Umwandlungen von Wärme in Arbeit und von Arbeit in
Wärme gehen nach einem ganz bestimmten unter allen Umständen gleichen Grössenverhältnisse zwischen Wärmemengen und Arbeitsmengen vor
sich, so dass bei den gegenseitigen Verwandlungen niemals ein Verlust,
aber auch nie ein Gewinn weder an Wärme noch an Arbeit stattfindet.
Wärme und Arbeit sind äquivalent. Um Wärmemengen zu messen, gebraucht man eine besondere Maasseinheit. Die Wärmeeinheit ist die
zur Erwärmung der Gewichtseinheit Wasser von 0^0 auf 1^0 C. erforderliche
Wärmemenge. Zur Bestimmung der der Wärmeeinheit entsprechenden
Arbeit hat man folgenden Weg eingeschlagen.

c) Bestimmung des Arbeitswerthes der Wärmeeinheit.

Erwärmt man die Gewichtseinheit, ein Kilogramm eines Gases bei
constantem Druck von 0^0 auf 1^0, wobei eine Ausdehnung um $1/273$ des
anfänglichen Volums für permanente Gase oder für eine Mischung per-
manenter Gase statthat, so hat man hierzu eine gewisse Wärmemenge
nöthig, welche man die specifische Wärme bei constantem Druck
nennt. Wird dagegen die Gewichtseinheit eines Gases bei constantem
Volum, d. h. bei gehinderter Ausdehnung von 0^0 auf 1^0 erwärmt, so
wird hierzu eine geringere Wärmemenge erfordert, welche die specifische Wärme bei constantem Volum heisst. Den Ueberschuss der
specifischen Wärme bei constantem Druck über diejenige bei constantem
Volum hat man wegen der ihr zukommenden Verrichtung als Ausdehnungswärme bezeichnet. Die Ausdehnungswärme ist, wie Dulong [2])
durch den Versuch dargethan, aber Clausius [3]) zuerst erklärt hat, für
alle Gase bei gleichem Druck gleich gross und sonst dem Druck proportional. Für einen Druck von 760^{mm} Quecksilberhöhe und eine Temperaturerhöhung von 0^0 auf 1^0 beträgt diese Ausdehnungswärme 0,0691 [4])
Wärmeeinheiten, wie aus dem Mittelwerth (0,23773) der specifischen
Wärmen der drei permanenten Gase (Sauerstoff, Stickstoff und Wasser-

---

[1]) Von Hirn.
[2]) Pogg. Ann. 1829, XVI, 476.
[3]) Pogg. Ann. 1850, LXXIX, 397; siehe auch Ann. d. Chem. u. Pharm. CXVIII, 115.
[4]) Ann. d. Chem. u. Chem. CXVIII, 116.

stoff) und dem aus der Fortpflanzungsgeschwindigkeit des Schalls [1]) und anderen [2]) Beobachtungen bestimmten Verhältniss (1,41) der specifischen Wärme bei constantem Druck zu derjenigen bei constantem Volum hervorgeht. Es ist nämlich, wenn a die Ausdehnungswärme bezeichnet,

$$\frac{0,23773}{0,23773-a}=1,41, \text{ woraus sich } a \text{ berechnet zu } \frac{0,41.0,23773}{1,41}=0,0691$$

Wärmeeinheiten. — Denkt man sich nun in einem Cylinder von 1 Quadratmeter Querschnitt 1 Kilogramm Luft bei 0⁰ und 760^{mm} Druck durch einen luftdicht schliessenden ohne Reibung sich bewegenden Kolben abgeschlossen, so wird der Kolben, da 1,2932 Kilogramm Luft 1 Cubikmeter, also 1 Kilogramm $\frac{1}{1,2932}$ Cubikmeter erfüllt, um $\frac{1}{1,2932}$ Meter vom Boden des Cylinders abstehen. Wird durch Wärmezufuhr die Temperatur der Luft auf 1⁰ gebracht, so vergrössert sich deren Volum um 0,003665 seines anfänglichen Betrags. Der Kolben wird also um $\frac{1.0,003665}{1,2932}$ Meter durch die sich ausdehnende Luft fortbewegt. Dabei lastet auf ihm ein Druck von 10334,5 Kilogramm. Die bei der Ausdehnung geleistete Arbeit beträgt also $\frac{1.0,003665.10334,5}{1,2932}$ Meterkilogramm. Die zu dieser Arbeitsleistung aufgewandte Ausdehnungswärme beträgt nach Obigem 0,0691 Wärmeeinheiten. Folglich beträgt das Arbeitsäquivalent oder der Arbeitswerth der Wärmeeinheit

$$A=\frac{1.0,003665.10334,5}{1,2932.0,0691}=423,85 \text{ Meterkilogramm }^{3}).$$

Umgekehrt beträgt das Wärmeäquivalent der Arbeitseinheit $\frac{1}{A}=\frac{1}{423,85}$ Wärmeeinheiten. Es liefert also die Wärmeeinheit bei der Verwandlung in Arbeit in runder Zahl 424 Arbeitseinheiten, und die Arbeitseinheit bei der Verwandlung in Wärme $\frac{1}{424}$ Wärmeeinheiten.

Die Richtigkeit dieses Ergebnisses bestätigen mancherlei Experimentaluntersuchungen [4]). So hat man die durch Magnetoelektricität ent-

---

[1]) Vgl. z. B. Pogg. Ann. 1863, CXIX, 392.

[2]) Ann. d. Chem. u. Pharm. 1861, CXVIII, 113.

[3]) J. R. Mayer hat die Bestimmung des mechanischen Aequivalents der Wärme im Wesentlichen nach dem angegebenen Verfahren zuerst ausgeführt und ohne Angabe des letzteren das Ergebniss in den Ann. d. Chem. u. Pharm. 1842, XLII, 240 mitgetheilt; vgl. dessen Mechanik der Wärme in gesammelten Schriften, 1867, bezüglich des Verfahrens S. 28, bezüglich der Priorität S. 289.

[4]) J. P. Joule's experimentelle Bestimmungen finden sich in Pogg. Ann. 1854, Ergänzungsband IV, 601. Die Untersuchungen von Mayer und von Joule sind ferner besprochen, z. B. in Tyndall, die Wärme u. s. w. S. 88 bis 97, und kurz angeführt ohne den Namen des Ersteren in der physikal. Chemie von Buff, Kopp und Zamminer, 1863, S. 199. — Ein weiterer Entdecker der Aequivalenz von Wärme und

wickelte Wärme mit der aufgewendeten Arbeit verglichen. Ferner wurde die bei Verdünnung oder Verdichtung der Luft verschwindende oder entwickelte Wärme und ihr gegenüber die bei diesen Operationen entwickelte oder verbrauchte Arbeit ermittelt. Weiter bestimmte man die durch Reibung eines horizontalen Schaufelrades in Wasser oder Oel, eines Rades von Eisen in Quecksilber, oder zweier auf einander passenden eisernen Scheiben in Quecksilber entwickelte Wärmemenge einerseits und andererseits die zur Hervorbringung der Reibung durch, die Drehung bewirkende, Gewichte aufgewandte Arbeit. Wärme und Arbeit erwiesen sich durch diese Versuche als äquivalent und zwar entsprechen sich 1 Wärmeeinheit und 424 Arbeitseinheiten.

In folgender Tabelle [1]) sind die durch verschiedene Physiker nach verschiedenen Methoden bestimmten Werthe des Arbeitsäquivalents oder Arbeitswerths der Wärmeeinheit zusammengestellt.

Arbeit, der Däne C o l d i n g, hat seine Untersuchungen gleichzeitig mit dem Erscheinen von M a y e r's Arbeit der Kopenhagener Akademie vorgelegt; s. Det kongelige danske Videnskabernes Selskabs Skrifter, 5. Reihe, Naturvidensk. og mathematisk Afdeling, 2. Band, S. 121 und 167. C o l d i n g findet (S. 146) durch Reibung zwischen Metallen oder Metall und Holz im Mittel $A = 1185{,}4$ Fusspfund $= 372$ Meterkilogramm, und (S. 185) aus der specifischen Wärme der Luft $A = 1204{,}3$ Fusspfund $= 378$ Meterkilogramm. Bei der ersteren Methode wurde die entwickelte Wärme durch die Längenausdehnung der geriebenen Stücke gemessen. Es lässt sich unschwer übersehen, dass A zu klein ausfallen muss.

[1]) Dieselbe ist mit Ausnahme der beiden letzten Angaben entnommen dem kurzen, doch gehaltvollen Exposé de la théorie mécanique de la chaleur présenté à la société chimique de Paris le 7 et le 21 février 1862 par M. V e r d e t, p. 93, im Bulletin de la société chimique de Paris.

Thatsächliche Grundlagen für die Bestimmung des Arbeitsäquivalents der Wärmeeinheit.	Namen der Physiker, welche die theoretische Grundlage der Berechnung gegeben haben.	Namen der Physiker, welche die experimentellen Beobachtungen gegeben haben.	Werthe des Arbeitsäquivalents der Wärmeeinheit.
Physikalische Eigenschaften der Luft	Mayer und Clausius.	Regnault, Moll und van Beek.	}426
Reibung	Joule.	}Joule, }Favre.	425 413
Arbeit der Dampfmaschine	Clausius.	Hirn.	413
Wärmeentwickelung durch Inductionsströme . . .	Joule.	Joule.	452
Wärmeentwickelung durch eine elektromagnetische Maschine in Ruhe und in Bewegung	Favre.	Favre.	443
Gesammtwärmeentwickelung im Schliessungskreise einer Daniell'schen Säule	Bosscha.	W. Weber, Joule.	420
Wärmeentwickelung in einem vom elektrischen Strome durchlaufenen Metalldraht	Clausius.	Quintus- Icilius.	400
Erwärmung des Leitungsdrahtes durch den galvanischen Strom . . .	H. Weber [1]).	H. Weber.	410
Stoss fester Körper . . .	Hirn [2]).	Hirn.	425

Die Versuche, welche für das Arbeitsäquivalent der Wärmeeinheit auf den Werth 424 Meterkilogramm hindeuten, bieten die grösste Sicherheit. Desshalb hat die Zahl 424, welcher sich die anderweitig festgestellten Werthe um so mehr nähern, je zuverlässiger die zu Grunde liegenden Beobachtungen sind, die allgemeinste Annahme gefunden.

---

[1]) Inauguraldissertation über Bestimmung des galvanischen Widerstandes der Metalldrähte aus ihrer Erwärmung durch den galvanischen Strom nach absolutem Maasse; Leipzig 1863.

[2]) Der Versuch findet sich im Original in Hirn, Théorie mécanique de la chaleur, Paris 1865, p. 58; ferner mit hinlänglicher Ausführlichkeit beschrieben in Müller-Pouillet's Physik, 1869, Bd. II, S. 896 ff.

Das Wesen der Wärme.

Gestützt auf die Erkenntniss des vorstehend gegebenen Satzes von der Aequivalenz von Wärme und Arbeit sind über das Wesen der Wärme andere Vorstellungen gewonnen worden, indem man dieselbe nun allgemeiner als Bewegungsform der Materie auffasste. Unter Wärme stellte man sich früher einen eigenthümlichen Stoff, den Wärmestoff (*caloricum*), vor. In dem Erwärmen eines Körpers sah man ein Zuführen, in dem Erkalten ein Entziehen dieses Wärmestoffs. Durch die Erkenntniss der Wechselbeziehungen zwischen Wärme und Arbeit ist man von dieser Auffassung zurückgekommen, wiewohl man sich derselben für Lehrzwecke noch häufig bedient und unsere auf Wärmevorgänge bezügliche Ausdrucksweise derselben noch entspricht. Nach der mechanischen Vorstellung hat die in einem Körper enthaltene Wärme ihren Grund in Bewegungen seiner Bestandtheile. Einen Körper erwärmen heisst die Bewegung seiner Bestandtheile vermehren, ihn abkühlen heisst die Bewegung seiner Bestandtheile vermindern. In der Verwandlung von Arbeit in Wärme sieht man eine Uebertragung von Bewegung, welche grösseren Massen als Ganzen zukommt, von Bewegung in herkömmlichem Sinne, also von sichtbarer Bewegung, auf die einzelnen Massetheilchen, auf Atome und Molecüle, wodurch die aus letzteren zusammengesetzten Körper erwärmt werden. Nach dem Satze von der Aequivalenz von Wärme und Arbeit ist hierbei die Summe der Zuwachse, welche die einzelnen Massetheilchen an lebendiger Kraft erfahren, gleich der aufgewandten Arbeit oder, was nach Gleichung (6) S. 16 dasselbe bedeutet, gleich dem Verluste, welchen die sich als Ganze bewegenden Massen an lebendiger Kraft erleiden. Wenn z. B. eine Masse von einer gewissen Höhe fällt, so ist bei ihrer Ankunft auf dem Boden eine gewisse Arbeit verbraucht worden, deren Zahlenausdruck gefunden wird, indem man das Gewicht des gefallenen Körpers mit der durchfallenen Höhe multiplicirt, oder indem man gemäss der Gleichung (6) das halbe Product der Masse in das Quadrat der erlangten Endgeschwindigkeit bildet, also die lebendige Kraft bestimmt, welche der Körper im Moment des Auffallens, im Augenblick der Unterbrechung seiner Bewegung besass. Indem der Körper zur Ruhe kommt, wird er selbst und die getroffene Unterlage erwärmt, d. h. die lebendige Kraft der Bewegungen seiner Theilchen und derjenigen der getroffenen Unterlage wird derart vermehrt, dass die Summe der Zuwachse an lebendiger Kraft, welche die einzelnen Massetheilchen erfahren, gleich ist der lebendigen Kraft, welche der Körper beim Auffallen besass und einbüsste. Die Aequivalenz zwischen Wärme und Arbeit weist im Zusammenhang mit den eben entwickelten Anschauungen zugleich darauf hin, dass dem jetzt allgemein anerkannten Satz von der Unerschaffbarkeit und Unvernichtbarkeit des

Stoffs ein zweiter Satz von der Unerschaffbarkeit und Unvernichtbarkeit der lebendigen Kraft, des Arbeitsvorraths entspricht.
Oder in anderer ebenfalls üblicher Ausdrucksweise, welche für Arbeitsvorrath das Wort Energie setzt, ist dem Satz von der Erhaltung des
Stoffs als gleichberechtigt an die Seite zu stellen der Satz von der Erhaltung der Energie.

Was die experimentelle Begründung der entwickelten Anschauung
über das Wesen der Wärme anlangt, so wurde schon 1798 bewiesen [1]),
dass die sehr grosse Wärmemenge, welche beim Bohren von Kanonen
erregt wird, nicht· einer Verminderung der Wärmecapacität des Metalls
zugeschrieben werden kann und daher, da sich die Erschaffbarkeit eines
Stoffs überhaupt und mithin auch des Wärmestoffs nicht wohl annehmen
lässt, aus einer Mittheilung der Bewegung des Bohrers an die Metall-
theilchen entspringen müsse. Diese Auffassung wurde bald bestätigt
durch die Beobachtung [2]), dass, wenn im Vacuum einer Luftpumpe zwei
Eisstücke gegen einander gerieben werden, ein Theil von ihnen schmilzt,
wenngleich die Temperatur der Umgebung unter dem Nullpunkt erhalten wird und die Wärmecapacität des Eises geringer ist als die des
Wassers.

Weitere jüngere experimentelle Beweise für die Berechtigung der
Auffassung der Wärme als Bewegung sind weiter unten aufgeführt bei
Besprechung der mechanischen Theorie über das Wesen des flüssigen und
des gasförmigen Körperzustandes.

Art der Wärmebewegung, insbesondere der Molecular-
bewegungen.

Was nun die Art der Bewegungen der Bestandtheile der Körper anlangt, welche das Wesen der Wärme ausmachen, so nimmt man Bewegungen sowohl der Molecüle als auch der diese zusammensetzenden ·Atome
an. Wir ziehen zunächst nur die Bewegungen der Molecüle in Betracht
und werden den Zusammenhang, in welchem die Atombewegungen mit
den Molecularbewegungen besonders für gasförmige Körper stehen, später
erörtern.

---

[1]) Von Graf Rumford, vgl. die kurze Notiz in Pogg. Ann. 1854, Ergänzungsband
IV, 601, und die ausführlichere Darstellung in Tyndall, die Wärme u. s. w. S. 14
und besonders S. 71.

[2]) Von H. Davy; vgl. die kurze Notiz in Pogg. Ann. Ergänzungsband IV, 603
und die ausführlichere Beschreibung der Versuche in Tyndall, die Wärme u. s. w.
S. 120.

Ueber die Bewegung der Molecüle in den drei Aggregatzuständen macht man sich folgende Vorstellungen [1]). Im festen Körperzustande ist die lebendige Kraft der Molecularbewegungen nicht gross genug, um die Molecularanziehung zweier benachbarten Molecüle zu überwinden. Es bewegen sich die Molecüle um gewisse Gleichgewichtslagen, welche sie nur unter dem Einfluss fremder Kräfte ganz verlassen können. Im flüssigen Zustande vermag die lebendige Kraft der Molecüle die Anziehung zweier benachbarten Molecüle zu überwinden, wenn auch die lebendige Kraft eines einzelnen Molecüls nicht im Stande ist, die Gesammtanziehung der übrigen Molecüle zu überwinden. Die Molecüle haben keine bestimmte Gleichgewichtslage mehr. Im gasförmigen Zustande vermag die lebendige Kraft eines Molecüls auch die Gesammtanziehung der übrigen Molecüle zu überwinden. Die einzelnen Molecüle bewegen sich geradlinig fort, bis sie an andere Molecüle oder an feste Körper, Wände und dergleichen anstossen; sie prallen aber von da gleich elastischen Körpern wieder ab, um abermals eine geradlinige Bewegung anzunehmen u. s. f.

Vermehrt man die lebendige Kraft der Molecularbewegung eines festen Körpers, also eines solchen, in welchem die lebendige Kraft zweier benachbarten Molecüle deren Anziehung nicht zu überwinden vermag, durch Erwärmen, so tritt der flüssige Zustand dann ein, wenn die lebendige Kraft der Molecüle gerade so gross geworden ist, um die Anziehung zweier benachbarten Molecüle überwinden zu können. Die entsprechende Temperatur, welche diesen Bewegungszustand der Molecüle bezeichnet, heisst Schmelzpunkt. Wenn durch ferneres Erwärmen des geschmolzenen oder überhaupt eines flüssigen Körpers die lebendige Kraft der Molecüle fortwährend zunimmt, so dauert der flüssige Zustand so lange an, bis die lebendige Kraft der einzelnen Molecüle auch die Gesammtanziehung der übrigen Molecüle zu überwinden vermag, wo dann der gasförmige Zustand eintritt. Die entsprechende, diesen Bewegungszustand der Molecüle bezeichnende Temperatur heisst Siedepunkt. Es versteht sich von selbst, dass der eben geschilderte Verlauf solche festen oder flüssigen Körper voraussetzt, deren Zersetzungstemperatur nicht unterhalb des Schmelz- oder Siedepunktes liegt.

Im flüssigen Körperzustande wird es öfter vorkommen, dass die Bewegungen zweier benachbarten Molecüle in entgegengesetzter Richtung stattfinden. Es werden dann die beiden Molecüle ihre relative Lage dauernd ändern. Doch können dieselben nicht weit fortgetrieben werden, da ihre lebendige Kraft nicht hinreichend ist, die Anziehung der

[1]) Vgl. Clausius, Pogg. Ann. C, 358, im Ausz. Jahresbericht für Physik für 1857 von Fr. Zamminer, 39; besonders L. Dossios, Vierteljahrsschrift der Zürcherischen naturforschenden Gesellschaft, XIII, 3; im Ausz. Jahresbericht für Chemie f. 1867, 92.
Bezüglich des Gaszustandes allein vgl. auch Dan. Bernoulli, Hydrodynamica, sectio decima, p. 200 (1738).

übrigen umliegenden Molecüle zu überwinden. In einer Flüssigkeit ändern mithin die Molecüle fortwährend ihre gegenseitige Lage. Auf eine derartige Molecularbewegung bei Flüssigkeiten wies schon seit Langem die Beobachtung [1]) hin, dass in Flüssigkeiten schwimmende kleine Theilchen fester Körper eine zitternde Bewegung haben. Vor einigen Jahren wurde durch umfassende mikroskopische Versuche [2]), welche zunächst alle sonst denkbaren Veranlassungen ausschlossen, der Nachweis geliefert, dass diese zitternde, unregelmässige, unstete Bewegung fester Körpertheilchen, deren Richtung sich in kürzesten Zeittheilchen ändert und deren Bahn eine zickzackförmige ist, ihre Ursache in der Flüssigkeit an und für sich hat und inneren dem Flüssigkeitszustande eigenthümlichen Bewegungen zuzuschreiben ist. Zugleich wurde ferner diese Erklärung unmittelbar bestätigt durch die Beobachtung, dass die Grösse der Bewegung in einer gewissen Weise von der Grösse der Theilchen selbst abhängt. Wenn nämlich von einer gewissen Grenze ab die Grösse der Theilchen zunimmt, so nehmen die in gleichen Zeiten zurückgelegten Wege ab, indem jetzt häufiger das feste Theilchen gleichzeitig in den Bereich der Bewegungen mehrerer Flüssigkeitsmolecüle kommt und entgegengesetzte Bewegungen, welche zugleich auf dasselbe wirken, sich an ihm theilweise aufheben. Neuerdings [3]) wurde in Uebereinstimmung mit den oben dargelegten Vorstellungen über den flüssigen Körperzustand nachgewiesen, dass die Molecularbewegungen bei Flüssigkeiten mit steigender Temperatur an Lebhaftigkeit zunehmen und dass ferner in Folge der Molecularbewegung feste Körpertheilchen in einer specifisch leichteren Flüssigkeit, wie z. B. Schwefelquecksilbertheilchen von genügender Kleinheit in Wasser, nicht nur nicht zu Boden sinken, sondern die Schwerkraft überwältigen, um sich gleichmässig in der Flüssigkeit zu vertheilen, wobei die Geschwindigkeit dieser Vertheilung, wie die Intensität der Molecularbewegung, durch Wärme erhöht wird.

Die für die Thermochemie überaus wichtige, schon umfassender und eingehender studirte Art der Wärmebewegung bei gasförmigen Körpern verdient eine ausführlichere Darstellung und sind ihr die folgenden Capitel gewidmet.

---

[1]) Von R. B r o w n 1827, woher die betreffenden Bewegungen als B r o w n 'sche Molecularbewegungen bezeichnet werden; vgl. auch Jahresber. für Chemie f. 1867, 11.

[2]) Von C h r. W i e n e r, Pogg. Ann. 1863, CXVIII, 85 bis 91; im Ausz. Jahresber. für Chemie f. 1867, 11; auch dessen Atomenlehre, 1869, 179 bis 185.

[3]) E x n e r, Wien. Akad. Ber. LVI, 116; im Ausz. Jahresber. für Chemie f. 1867, 12.

Mechanische Theorie der Gase.

Im Gaszustande ist die Molecularanziehung durch die lebendige Kraft der Molecüle vollständig überwunden und letztere befinden sich nach einer durch ihren Einklang mit der Erfahrung gerechtfertigten Ansicht in geradlinig fortschreitender Bewegung [1], wie schon oben S. 24 kurz erläutert wurde. Der Druck eines Gases ergibt sich durch die Summe aller Stösse, welche die Gasmolecüle in Folge ihrer fortschreitenden Bewegung auf den Körper, welcher den Druck erleidet, ausüben. Vielfache Erfahrung hat nun ausnahmslos ergeben, dass der Druck (bezogen auf die Flächeneinheit) derselben Gewichtsmenge des nämlichen Gases sowohl bei abnehmendem Volum als auch bei steigender Temperatur zunimmt. Und zwar ist für viele Gase der Druck fast genau umgekehrt proportional dem Volum und direct proportional der von — 273⁰ an gezählten Temperatur, so dass, wenn man die betreffenden Drucke durch p' und p'', die Volume durch v' und v'', die Temperaturen durch t' und t'' bezeichnet, sehr angenähert die erfahrungsmässige Beziehung besteht

$$\frac{p'}{p''} = \frac{v'' (273 + t')}{v' (273 + t'')}.$$

Die folgenden Entwickelungen bezwecken den Nachweis, dass vorstehende Beziehung streng giltig sein muss für solche Gase, für welche die Wirkung der Molecularanziehung gegenüber der Wirkung der lebendigen Kraft der fortschreitenden Molecularbewegung verschwindet. Derartige Gase nennt man vollkommene Gase, und unter den Körpern, welche diesem, streng genommen nur ideellen, vollkommenen Gaszustand nach ihren beobachteten Eigenschaften sehr nahe stehen, sind in erster Linie die drei permanenten Gase, Wasserstoff, Sauerstoff und Stickstoff, und die aus den beiden letzteren gemischte Luft zu nennen.

Zuerst werde bewiesen, dass für vollkommene Gase bei gleichbleibender Temperatur, d. h. wenn die lebendige Kraft der Molecularbewegung weder durch Wärmezufuhr vermehrt, noch durch Wärmeentziehung vermindert wird, der Druck umgekehrt proportional dem Volum ist.

Man [2] denke sich in einem rechtwinklig parallelepipedischen Raum von dem Querschnitt q und der Höhe h', also vom Cubikinhalt $v' = q h'$, n Gasmolecüle unter dem Druck p' im Zustande der Ruhe und in gleichen Abständen, unter der Voraussetzung, dass der Raum, welchen die Gasmolecüle an und für sich wirklich ausfüllen, gegen den ganzen Raum,

---

[1] Ueber anderweitige Vorstellungen bezüglich der Art der Bewegung vgl. Davy in Tyndall, die Wärme u. s. w. S. 80 u. 125; ferner Rankine, das. S. 80; Phil. Mag. (4) II, 509; Jahresber. für Chemie f. 1851, 39.

[2] Vgl. Dan. Bernoulli, Hydrodynamica, 1738, sectio decima, p. 200, wovon 'n kurzer Auszug in Pogg. Ann. CVII, 490.

welchen das Gas einnimmt, verschwindend klein sei. Es kommen dann auf die Cubikeinheit $\frac{n}{q\,h'}$ Molecüle und auf einer Strecke gleich der Längeneinheit befinden sich demnach

$$L' = \sqrt[3]{\frac{n}{q\,h'}}$$

Molecüle. Werden nun bei gleichbleibender Zahl der Molecüle die um die Höhe h' von einander abstehenden Wände auf den Abstand h'' gebracht, so ist der Cubikinhalt des jetzigen Raumes

$$v'' = q\,h'',$$

es kommen dann auf die Cubikeinheit $\frac{n}{q\,h''}$ Molecüle und demnach befinden sich in der Längeneinheit jetzt deren

$$L'' = \sqrt[3]{\frac{n}{q\,h''}}.$$

Der Druck auf die Quadrateinheit — bei vorausgesetzter gleichbleibender Temperatur, d. h. bei gleichbleibender Stärke der einzelnen Stösse — muss nun bei stattfindender Bewegung proportional sein der Zahl der in gleichen Zeiten die Quadrateinheit treffenden Molecüle, d. h. einmal direct proportional der Zahl F der in einem bestimmten Augenblick in ihr befindlichen Molecüle, weil diese sie bei der Bewegung gleichzeitig treffen, und zum Anderen direct proportional der Zahl L der in der Längeneinheit sich befindenden Molecüle, weil die Flächeneinheit um so häufiger getroffen wird, je geringer der Abstand der Molecüle oder wenn man will der Molecülschichten ist. Wird der der Höhe h'' entsprechende Druck mit p'' bezeichnet, so ist daher

$$\frac{p'}{p''} = \frac{F'}{F''} \cdot \frac{L'}{L''} \quad \cdots\cdots\cdots \quad (7)$$

Nach Obigem ist aber für die Höhe h' die Molecülzahl in der Längeneinheit

$$L' = \sqrt[3]{\frac{n}{q\,h'}}$$

und mithin die Molecülzahl in der Flächeneinheit

$$F' = \left(\sqrt[3]{\frac{n}{q\,h'}}\right)^2,$$

für die Höhe h'' die Molecülzahl in der Längeneinheit

$$L'' = \sqrt[3]{\frac{n}{q\,h''}}$$

und mithin die Molecülzahl in der Flächeneinheit

$$F'' = \left(\sqrt[3]{\frac{n}{q\,h''}}\right)^2.$$

Setzt man diese Werthe für L', L'', F', F'' in Gleichung (7) ein, so hat man

$$\frac{p'}{p''} = \frac{\left(\sqrt[3]{\frac{n}{q\,h'}}\right)^2 \cdot \sqrt[3]{\frac{n}{q\,h'}}}{\left(\sqrt[3]{\frac{n}{q\,h''}}\right)^2 \cdot \sqrt[3]{\frac{n}{q\,h''}}} = \frac{\frac{n}{q\,h'}}{\frac{n}{q\,h''}} = \frac{q\,h''}{q\,h'} = \frac{v''}{v'} \quad \ldots \quad (8)$$

Es verhalten sich also bei gleichbleibender Temperatur die Drucke umgekehrt wie die Volume. Diese Folgerung aus der Theorie der Gase drückt das erfahrungsmässig für nahezu vollkommene Gase ermittelte Mariotte'sche Gesetz aus.

Was nun die Veränderungen des Drucks in Folge von Temperaturänderungen anlangt, so soll zunächst gezeigt werden, dass bei unverändertem Volum der Druck proportional der mit der Temperatur, d. h. durch Wärmezufuhr und Wärmeentziehung sich ändernden lebendigen Kraft der Molecularbewegung ist. Es kann diess ohne jede Beihilfe höherer Mathematik unter Zugrundelegung der Gesetze des Stosses elastischer Körper folgendermaassen geschehen; wobei von der Vorstellung ausgegangen wird, dass die Molecüle eines vollkommenen Gases äusserst kleine elastische Kugeln von gleicher Grösse seien [1].

„Grundlagen sind folgende drei Sätze über den geraden Stoss sphärischer Körper:

1. Zwei gleiche elastische Kugeln, die sich mit verschiedenen Geschwindigkeiten central stossen, tauschen beim Stosse ihre Geschwindigkeiten aus.

2. Wenn eine elastische Kugel einen senkrechten Stoss gegen einen elastischen Körper ausübt, dessen Masse gegen die ihrige sehr gross (unendlich gross) ist, so übt sie auf diesen Körper eine bewegende Kraft aus, welche $= 2\,m\,c$ ist, wo m = Masse, c = Geschwindigkeit der stossenden Kugel.

3. Hierbei wird die Kugel mit derselben Geschwindigkeit reflectirt, mit der sie angekommen ist, besitzt also die Geschwindigkeit $- c$ nach dem Stosse.

Eine Anzahl n von Gasmolecülen sei in einem cubischen Gefässe von der Seite a eingeschlossen. Wenn diese Zahl sehr gross und die Gasmasse keinerlei äusseren Kräften unterworfen ist, so ist kein Grund vorhanden, warum sich in einer Richtung mehr Molecüle bewegen sollten, als in einer anderen, d. h. es werden sich in jeder angebbaren Richtung

---

[1] Diese elementare Darstellung der von Krönig (Pogg. Ann. XCIX, 315) und Clausius (Pogg. Ann. C, 370) gegebenen Beweise für die Gleichung (9) verdanke ich meinem Freunde K. Zöppritz.

gleich viel Molecüle bewegen. Jede der sechs gleichen Wände des Würfels wird also innerhalb einer bestimmten Zeit von gleich viel Molecülen getroffen werden, und zwar wird sich in einem beliebigen Augenblick gegen jede Wand hin $1/6$ aller vorhandenen Gasmolecüle bewegen, also $\frac{n}{6}$. Es werde nun angenommen, dass alle $\frac{n}{6}$ Molecüle, welche sich gegen eine Wand hin bewegen, sich senkrecht zu ihr bewegen, so dass also jede der sechs Wände den senkrechten Stoss von $\frac{n}{6}$ Molecülen empfangen würde, wenn jedes Molecül sich nur bis zum einmaligen Stosse gegen eine Wand bewegen würde.

Von dieser beschränkenden Annahme wird das Gesammtresultat unabhängig [1]. Das Aufgeben derselben macht aber die Anwendung höherer Mathematik nöthig, also bleiben wir dabei.

Jedes Molecül m übt beim Stosse die bewegende Kraft $2\,m\,c$ aus; ist α die Anzahl der Stösse, welche dasselbe Theilchen bei seiner Hin- und Herbewegung zwischen zwei gegenüberliegenden Wänden in der Secunde auf die Wand A ausübt, so empfängt die Wand A in der Zeiteinheit von m die bewegende Kraft $2\,m\,\alpha\,c$, also von den $\frac{n}{6}$ Theilchen die Kraft

$$K_A = \frac{2\,m\,\alpha\,c\,n}{6} = \frac{m\,\alpha\,c\,n}{3}.$$

Ist τ die Zeit, in welcher die Würfelseite a (die Entfernung zweier gegenüberliegenden Wände) einmal durchlaufen wird, so ist $c\,\tau = a$. Nach dem Verlauf von $2\,\tau$ stösst m wieder gegen dieselbe Wand, vorausgesetzt, dass es unterwegs auf kein anderes Körpertheilchen stösst.

Solche Zusammenstösse werden sich aber häufig ereignen. Wenn sich zwei Molecüle in centralem Stosse treffen, so tauschen sich nach 1. die (hier gleichen) Geschwindigkeiten aus und das getroffene Molecül tritt genau in die Function des treffenden ein. Der nicht centrale Stoss lässt sich wiederum nur mit Hilfe höherer Hilfsmittel behandeln. Das Resultat ist von der Beschränkung auf den centralen Stoss unabhängig [2].

Es ist demnach die Zahl der Stösse von m gegen die Wand A in der Secunde

$$\alpha = \frac{1}{2\,\tau} = \frac{c}{2\,a},$$

folglich wirkt

$$K_A = \frac{n\,m\,c^2}{6\,a}$$

[1] Wie Clausius Pogg. Ann. 1857, C, 370 ff. gezeigt hat.
[2] Wie Clausius gezeigt hat (Pogg. Ann. CV, 239); wieder abgedruckt und durch einige wichtige Anmerkungen vermehrt in dessen Abhandlungen über die mechanische Wärmetheorie, Braunschweig 1867, Abth. II, 260.

auf die Fläche a^2, also auf die Flächeneinheit

$$k_A = \frac{n\,m\,c^2}{6\,a^3} = \frac{n\,m\,c^2}{6\,v},$$

wo $v =$ Volum.

Der Druck ist nun die bewegende Kraft, mit welcher die Wand A von der gegenüberliegenden A' entfernt wird. Also da die eine mit der auf die Flächeneinheit wirkenden Kraft k_A nach der einen, die andere mit der Kraft $k_{A'}$, die aber $= k_A$ ist, nach der entgegengesetzten Richtung gedrückt wird:

$$p = k_A + k_{A'} = 2\,k_A = \frac{n\,m\,c^2}{3\,v}{}^{\text{``}} \quad \ldots \ldots \quad (9)$$

Nach diesem Ausdruck, welcher das vorhin gesondert entwickelte Mariotte'sche Gesetz zugleich in sich schliesst, ist also für das nämliche Gas bei gleicher Molecülzahl und gleichbleibendem Volum, wenn p' und p'' die Drucke bezeichnen, welche den bei verschiedenen Temperaturen verschiedenen Moleculargeschwindigkeiten c' und c'' entsprechen,

$$\frac{p'}{p''} = \frac{\dfrac{n\,m\,c'^2}{3\,v}}{\dfrac{n\,m\,c''^2}{3\,v}} = \frac{\dfrac{m\,c'^2}{2}}{\dfrac{m\,c''^2}{2}} \quad \ldots \ldots \ldots \quad (10)$$

Nach der zu Grunde gelegten Gastheorie verhalten sich demnach bei gleichbleibendem Volum die Drucke wie die bei den verschiedenen Temperaturen statthabenden lebendigen Kräfte der fortschreitenden Bewegung der Molecüle.

Es handelt sich nun darum, für die lebendige Kraft der Molecularbewegung einen von der Temperatur abhängigen Ausdruck zu gewinnen. Hierfür liegt die Möglichkeit in dem durch die Erfahrung ermittelten Gay-Lussac'schen Gesetze. Nach diesem Gesetze dehnen sich die als nahezu vollkommene betrachteten Gase, wie Sauerstoff, Stickstoff, Wasserstoff und deren Mischungen, bei gleichbleibendem Druck für je 1^0 Temperaturerhöhung um 0,003665 oder $1/_{273}$ ihres Volums bei 0^0 aus; oder, was dasselbe besagt, bei gleichbleibendem Volum nimmt ihr Druck für je 1^0 Temperaturerhöhung um $1/_{273}$ des bei 0^0 stattfindenden Drucks zu. Man hat also, wenn p^0, p' und p'' die den Temperaturen 0^0, t'^0 und t''^0 zugehörigen Drucke bezeichnen

$$\frac{p'}{p''} = \frac{p^0 + \dfrac{t'}{273} \cdot p^0}{p^0 + \dfrac{t''}{273} \cdot p^0} = \frac{p^0\,(273 + t')}{p^0\,(273 + t'')} = \frac{273 + t'}{273 + t''} = \frac{T'}{T''} \cdot (11)$$

Es verhalten sich also bei gleichbleibendem Volum die Drucke auch wie die von $- 273^0$ an gezählten Temperaturen, d. h. wie die sogenannten absoluten Temperaturen, deren Zeichen T sein soll.

Combinirt man die Gleichungen (10) und (11), so erhält man

$$\frac{\dfrac{m\,c'^2}{2}}{\dfrac{m\,c''^2}{2}} = \frac{T'}{T''}, \quad \ldots \ldots \ldots \quad (12)$$

d. h. die lebendige Kraft der fortschreitenden Bewegung der Moleeüle ist proportional der absoluten Temperatur, der von — 273° an gezählten Temperatur.

Aus der Verbindung der Gleichung (8)

$$\frac{p'}{p''} = \frac{v''}{v'}$$

mit der Gleichung (11)

$$\frac{p'}{p''} = \frac{T'}{T''}$$

geht hervor, dass, wenn einer gewissen Gasmenge einmal das Volum v' und die Temperatur t', d. i. die absolute Temperatur T', das andere Mal das Volum v'' und die Temperatur t'', d. i. die absolute Temperatur T'' zukommt, man die Beziehung hat

$$\frac{p'}{p''} = \frac{v''\,T'}{v'\,T''} \quad \text{oder} \quad \frac{v'\,p'}{v''\,p''} = \frac{T'}{T''} \quad \ldots \ldots \quad (13)$$

Es ist diess das vereinigte Mariotte-Gay-Lussac'sche Gesetz [1]).

Es wurde bei vorstehenden Entwickelungen vorausgesetzt, dass die einzelnen Gasmolecüle bei einer gewissen Temperatur gleiche Geschwindigkeiten besitzen, was, wie später erörtert wird, nicht der Fall ist. Doch führt die bedeutendere mathematische Hilfsmittel erfordernde Inbetrachtziehung der Abweichungen nach neueren Untersuchungen [2]) zu demselben Ergebnisse, wie die vereinfachenden Voraussetzungen.

In welchem Verhältnisse stehen nun für verschiedene unter einander zu vergleichende Gase Druck, Volum und Temperatur des einen Gases zu Druck, Volum und Temperatur eines anderen? Die einfachen erfahrungsmässigen Beziehungen [3]) zwischen Moleculargewicht und specifischem Gewicht im Gaszustande und diejenigen zwischen den Volumen sich ver-

---

[1]) Die umfassende Entwicklung dieser Beziehung findet man, wie schon angegeben, bei Clausius, Pogg. Ann. 1857, C, 353, und CV, 239, sowie in dessen Abhandlungen über die mechanische Wärmetheorie, Braunschweig 1866 bis 67, II, 247 und 260. Vgl. auch Subic, Grundzüge einer Molecularphysik (1862) S. 33. — Bei der hier eingehaltenen Ableitung war das Bestreben vorwaltend, nicht nur die Anwendung der höheren Mathematik gänzlich zu vermeiden, sondern auch selbst bei Beschränkung auf die Anwendung niederer Mathematik möglichst wenig vorauszusetzen.

[2]) O. E. Meyer, de gasorum theoria, Diss. inaug. Breslau 1866, und Maxwell, Phil. Transact. 1867, p. 49.

[3]) Vgl. z B. Kopp, theoret. Chemie (1863) S. 352 ff.; Kekulé, organ. Chemie, 1861, I, 83, 95 ff.

bindender Gase zu einander und zu dem Volum der entstehenden gasförmigen Verbindung [1]) haben zu der Annahme [2]) geführt — deren scheinbare Ausnahmen weiter unten ihre vollständig befriedigende Erklärung
finden werden —, dass bei gleichem Druck und bei gleicher Temperatur gleiche Volume verschiedener Gase eine gleiche Anzahl von Molecülen enthalten. Ferner gilt das Gay-Lussac'sche
Gesetz für alle gasförmigen Körper im vollkommenen Gaszustande, dem
man auch die nicht permanenten Gase durch Temperaturerhöhung und
durch Verdünnung beliebig näher bringen kann; d. h. mit anderen Worten: für alle vollkommenen oder nahezu vollkommenen Gase wächst bei
gleichbleibendem Volum der Druck proportional der absoluten Temperatur. Es folgt aus diesen Sätzen, unter gleichzeitigem vergleichendem
Rückblick auf die in diesem Capitel abgeleiteten und in den aufgestellten
Gleichungen enthaltenen Gesetze, dass für verschiedene Gase die
lebendige Kraft der Molecularbewegung bei derselben Temperatur gleich gross, und allgemein der absoluten Temperatur
proportional ist [3]). Bestätigt wird diese Folgerung durch die aus-
nahmslose Erfahrung, dass chemisch nicht auf einander einwirkende Gase
von gleicher Temperatur beim Zusammenbringen diese Temperatur nicht
ändern, welches Verhalten für gleiche lebendige Kraft der verschiedenen
Gasmolecüle spricht. Es besteht also — wenn m' die Masse und c' die
Geschwindigkeit des Molecüls eines Gases von der absoluten Temperatur
T', m'' die Masse und c'' die Geschwindigkeit eines anderen Gases von der
absoluten Temperatur T'' bezeichnet — die Beziehung

$$\frac{\frac{m' c'^2}{2}}{\frac{m'' c''^2}{2}} = \frac{T'}{T''} \quad \cdots \cdots \cdots \quad (14)$$

Da nun für jedes Gas der Druck umgekehrt proportional dem Volum
ist, welches dieselbe Zahl von Molecülen enthält, so ist auch allgemein,
wenn p' den Druck von n Molecülen eines Gases vom Volum v' und der
absoluten Temperatur T' und ferner p'' den Druck von ebenfalls n Molecülen eines anderen Gases vom Volum v'' und der absoluten Temperatur
T'' bezeichnet

$$\frac{p'}{p''} = \frac{v'' \, T'}{v' \, T''} \cdot \quad \cdots \cdots \cdots \quad (15)$$

Unter sonst gleichen Verhältnissen ist aber der Druck proportional

---

[1]) Vgl. auch Clausius, Pogg. Ann. 1857, C, 367 bis 370.
[2]) Von Avogadro 1811, vgl. L. Meyer, die modernen Theorien der Chemie,
(1864), S. 20.
[3]) Vgl. Clausius, Pogg. Ann. 1857, C, 367 bis 375; Jahresbericht für Physik
von Zamminer f. 1857, 35; Krönig, Pogg. Ann. 1856, XLIX, 315; Jahresbericht
für Chemie f. 1856, 90; Joule, Jahresber. für Physik von Zamminer f. 1857, 34.

der Zahl der Molecüle, wie sich auch sowohl aus Gleichung (8), wie aus Gleichung (9) ergibt. Beträgt dieselbe für das eine Gas n', für das andere n'', so hat man

$$\frac{p'}{p''} = \frac{n'\, v''\, T'}{n''v'\, T''} \quad \cdots \cdots \cdots \cdots \quad (16)$$

Diese Gleichung ist der allgemeinste Ausdruck für den durch vielseitige Erfahrung erhärteten Satz, dass gleiche Volume verschiedener Gase bei gleichem Druck und bei gleicher Temperatur eine gleiche Anzahl von Molecülen enthalten, ein Satz, welcher nach seinem S. 32 schon erwähnten Urheber die Avogadro'sche Regel genannt wird.

Geschwindigkeit der Molecularbewegung bei Gasen.

Nach Gleichung (12) S. 31 ist für dasselbe Gas

$$\frac{m\, c'^2}{m\, c''^2} = \frac{T'}{T''},$$

woraus

$$\frac{c'}{c''} = \frac{\sqrt{T'}}{\sqrt{T''}}. \quad \cdots \cdots \cdots \cdots \quad (17)$$

d. h. die Moleculargeschwindigkeiten desselben Gases verhalten sich wie die Quadratwurzeln aus den absoluten Temperaturen.

Für verschiedene Gase ist nach Gleichung (14) bei gleicher Temperatur $T' = T''$ auch

$$m'\, c'^2 = m''\, c''^2,$$

woraus

$$\frac{c'}{c''} = \frac{\sqrt{m''}}{\sqrt{m'}}. \quad \cdots \cdots \cdots \cdots \quad (18)$$

d. h. bei gleicher Temperatur verhalten sich die Geschwindigkeiten der Molecüle verschiedener Gase umgekehrt wie die Quadratwurzeln aus ihren Massen. Wenn nun 9,8 die Beschleunigung der Schwere und ferner M' und M'' die betreffenden Moleculargewichte vorstellen, so ist nach Gleichung (2) S. 16

$$9,8\, m' = M' \text{ und } 9,8\, m'' = M'' \text{ oder}$$

$$\frac{M''}{M'} = \frac{9,8\, m''}{9,8\, m'} = \frac{m''}{m'} \text{ und } \frac{\sqrt{m''}}{\sqrt{m'}} = \frac{\sqrt{M''}}{\sqrt{M'}}.$$

Setzt man diesen Werth für $\dfrac{\sqrt{m''}}{\sqrt{m'}}$ in Gleichung (18) ein, so hat man

$$\frac{c'}{c''} = \frac{\sqrt{M''}}{\sqrt{M'}} \quad \ldots \ldots \ldots \ldots \quad (19)$$

d. h. bei gleicher Temperatur verhalten sich die Geschwindigkeiten der
Molecüle verschiedener Gase umgekehrt wie die Quadratwurzeln aus den
Moleculargewichten; oder auch umgekehrt wie die Quadratwurzeln aus
den specifischen Gewichten, da gemäss dem Avogadro'schen Gesetze sich
die Moleculargewichte gasförmiger Körper wie deren specifische Gewichte
verhalten. — Ist auch die Temperatur verschiedener Gase verschieden, so
ergibt dieselbe Gleichung (14)

$$\frac{c'}{c''} = \frac{\sqrt{m'' T'}}{\sqrt{m' T''}} = \frac{\sqrt{m''}}{\sqrt{m'}} \frac{\sqrt{T'}}{\sqrt{T''}},$$

welches Ergebniss auch durch eine Combination der Gleichungen (17) und
(18) erhalten werden kann.

Die absoluten Werthe der Moleculargeschwindigkeiten lassen sich
bestimmen [1]) aus Gleichung (9) S. 30

$$p = \frac{n\,m\,c^2}{3\,v}.$$

Da die Masse der ganzen gegebenen Gasmenge

$$n\,m = \frac{R}{g} = \frac{G}{9,80896}$$

(vgl. Gleichung (2) S. 16), wo G das Gewicht der Gasmasse, so wird

$$c^2 = \frac{3 \cdot 9,80896\,p\,v}{G}.$$

Ist nun 1 Kilogramm eines Gases unter dem Druck von einer Atmosphäre
oder von 10334,5 Kilogramm auf das Quadratmeter gegeben, so ist
$G = 1$ und $p = 10334,5$; ferner bestimmt sich das Volum v folgendermaassen. Da 1 Cubikmeter Luft bei 0^0 unter dem Druck einer Atmosphäre 1,2932 Kilogramm wiegt, so erfüllt unter diesen Umständen
1 Kilogramm Luft $= \dfrac{1}{1,2932} = 0,77328$ Cubikmeter. Wenn nun ϱ
das specifische Gewicht des betrachteten Gases bedeutet, so ist das Volum
von 1 Kilogramm $= \dfrac{0,77328}{\varrho}$ Cubikmeter bei 0^0, und bei T^0 absoluter
Temperatur

$$v_T = \frac{0,77328}{\varrho} \cdot \frac{T}{273}.$$

Demnach erhält man

$$c^2 = 3 \cdot 9,80896 \cdot 10334,5 \cdot 0,77328 \cdot \frac{T}{273\,\varrho} = 235163\,\frac{T}{273 \cdot \varrho}.$$

[1]) Vgl. Clausius, Pogg. Ann. C, 376.

Somit wird die Moleculargeschwindigkeit irgend eines Gases von dem specifischen Gewicht ϱ und der absoluten Temperatur T ausgedrückt durch die Gleichung

$$c_T = 485^m \sqrt{\frac{T}{273\,\varrho}} \quad \cdot \quad \cdot \quad \cdot \quad \cdot \quad \cdot \quad (20)$$

Will man im vorstehenden Ausdruck statt des specifischen Gewichts ϱ das dem Chemiker geläufigere Moleculargewicht M einführen, so ist, da für jedes Gas nach den für die specifischen Gewichte und die Moleculargewichte üblichen Einheiten das Moleculargewicht das 28,94 fache des specifischen Gewichts beträgt,

$$\varrho = \frac{M}{28,94}.$$

Setzt man diesen Werth für ϱ ein und lässt man den Factor $\sqrt{28,94}$ in die Constante übergehen, so ist

$$c_T = 2609^m \sqrt{\frac{T}{273\,M}} \quad \cdot \quad \cdot \quad \cdot \quad \cdot \quad \cdot \quad (21)$$

Für 0^0 ($T = 273$) erhält man z. B. folgende Moleculargeschwindigkeiten für eine Secunde:

> für Sauerstoff $\quad = \quad$ 461 Meter.
> „ Stickstoff $\quad = \quad$ 492 „
> „ Wasserstoff $\quad = \quad$ 1844 „

Diese Zahlen sind die mittleren[1]) Geschwindigkeiten, welche für alle Molecüle zusammen dieselbe lebendige Kraft geben, wie die wirklich stattfindenden Geschwindigkeiten.

Erfahrungsmässige Bestätigung der Gastheorie.

Für die Richtigkeit der soeben entwickelten Beziehungen und der zu Grunde liegenden Anschauungen über das Wesen der Gase sprechen zunächst folgende Umstände.

Einmal lässt sich hierfür anführen die theoretisch aus der dargelegten Gastheorie abgeleitete wechselseitige Abhängigkeit von Volum und Druck (vgl. Gleichung (8) S. 28), welche das Erfahrungsgesetz von Mariotte darstellt.

---

[1]) Vgl. hierüber den unten folgenden Abschnitt über „Temperatur der Gase, ihrer Molecüle und Molecülbestandtheile“.

Ferner sprechen hierfür die Beobachtungen über **Ausfluss-geschwindigkeit** und **Diffusionsgeschwindigkeit**[1]) von Gasen, welche Geschwindigkeiten wirklich im umgekehrten Verhältnisse der Quadratwurzeln aus den specifischen Gewichten oder aus den Molecular-gewichten stehen (vgl. Gleichung (19) S. 34).

Es lässt sich weiter noch anführen die Beobachtung[2]), dass die **Fortpflanzungsgeschwindigkeit** der **Entzündung** in **reinem Wasserstoffknallgas** um sehr viel grösser ist, als im Kohlenoxydknallgas, wiewohl die Flammentemperatur des letzteren höher ist als diejenige des ersteren.

Für die Zulässigkeit der zu Grunde gelegten Theorie über das Wesen der Gase spricht auch Folgendes. Nach dieser Theorie befinden sich die Gasmolecüle in rascher geradlinig fortschreitender Bewegung, deren lebendige Kraft mit der absoluten Temperatur zunimmt (vgl. Gleichung (12) S. 31 und Gleichung (14) S. 32). Vermöge dieser fortschreitenden Bewegung werden nun die einzelnen Molecüle sich begegnen, aneinanderstossen und dadurch sich gegenseitig von ihren Bewegungsrichtungen ablenken, so dass trotz ihrer grossen Geschwindigkeit (vgl. S. 35) ihre Bahnen nur auf kurze Strecken hin in derselben geraden Linie verlaufen. Man hat die **mittlere Weglänge der Molecüle**, d. h. den Mittelwerth der Wege, welche die Molecüle durchlaufen, ohne mit anderen zusammenzutreffen, bestimmt[3]) und ferner berechnet[4]), dass z. B. jedes der die Luft zusammensetzenden Molecüle bei 0^0 in einer Secunde etwa 3000 millionenmal mit anderen zusammenstosse. Nebenbei bemerkt hat man in Rücksicht auf das geschilderte Verhalten der Gasmolecüle die zu Grunde liegende Gastheorie auch als die **Theorie der molecularen Stösse**[5]) bezeichnet. Aus dieser Theorie lässt sich nun die Schlussfolgerung[6]) ziehen, dass der **Reibungscoëfficient** eines Gases von der **Dichtigkeit unabhängig**, aber proportional ist der Moleculargeschwindigkeit, d. h. nach Gleichung (17) S. 33 der Quadratwurzel aus der absoluten Temperatur. Diese Folgerungen haben sich durch die experimentelle Prüfung, welche O. E. Meyer[7]) durch Beobachtung des Einflusses der Luft auf die Schwingungen von Pendeln ausführte, als annähernd richtig bewährt. Das Ergebniss der Theorie der molecularen Stösse, dass der **Reibungscoëfficient** eines Gases von der Dichtigkeit und dem Drucke

---

[1]) Graham, Pogg. Ann. 1863, CXX, 421; Jahresber. für Chemie f. 1863, 21.

[2]) Bunsen, Pogg. Ann. 1867, CXXXI, 165 bis 167, 171; Jahresber. für Chemie f. 1867, 43.

[3]) Clausius, Pogg. Ann. 1858, CV, 239 ff.

[4]) O. E. Meyer, Pogg. Ann. 1865, CXXV, 597.

[5]) Vgl. O. E. Meyer, Pogg. Ann. 1865, CXXV, 177. Nach L. Meyer (Ann. d. Chem. u. Pharm. Suppl. V, 130, Anmerkung) ist dieser Ausdruck eine freie Uebersetzung des englischen „starting molecules" (Maxwell, Phil. Mag. 1860 (4), XIX, 20).

[6]) O. E. Meyer, Pogg. Ann. 1865, CXXV, 584 bis 598; vgl. das. 179.

[7]) Pogg. Ann. CXXV, 177, 401, 564.

desselben unabhängig sei, findet, wie O. E. Meyer [1]) weiter gezeigt hat, fernere Bestätigung durch die Versuche Graham's über die Strömung von Gasen durch enge Röhren.

Auf dem häufigen Zusammenstossen der Molecüle beruht auch die bei der Geschwindigkeit der Bewegung so überraschende Langsamkeit, mit welcher sich zwei in Berührung gebrachte Gase mischen, indem die von den einzelnen Molecülen in derselben Richtung zurückgelegten Wege nur ausserordentlich kurz sind. Es widerlegt sich auf gleiche Weise der Einwand [2]), dass sich Gerüche noch viel schneller verbreiten, Dampfwolken in der Luft sich viel schneller vertheilen müssten, als diess wirklich der Fall ist. Man hat zu bedenken [3]), dass sich die riechenden Theilchen oder Dampftheilchen ihren Weg durch eine Menge von nach allen Richtungen sich bewegenden Lufttheilchen zu bahnen haben, mit denen sie fortwährend zusammenstossen, so dass der durchschnittliche Weg, den ein solches Theilchen durchfliegen kann, ohne auf ein Lufttheilchen zu stossen, ausserordentlich klein, mithin die Verbreitung von Gerüchen und die Vertheilung von Dampfwolken in der Luft ungemein verzögert wird.

Weiter hat Clausius [4]) gezeigt, dass nach seiner Theorie der Molecularbewegungen der Gase die Wärmeleitung in diesen von dem Druck, unter welchem dieselben stehen, innerhalb gewisser Grenzen unabhängig ist und mit der Temperatur in demselben Verhältnisse wie die Schallgeschwindigkeit wächst, nämlich proportional der Quadratwurzel aus der absoluten Temperatur, d. h. proportional der Moleculargeschwindigkeit. Dieses Ergebniss theoretischer Betrachtung stimmt vollkommen mit den bisher bekannten Beobachtungsresultaten überein und insbesondere mit den Ergebnissen einer Untersuchung von Magnus [5]).

Endlich sei noch erwähnt, dass Stearinkerzen in gleicher Zeit ebenso viel an Gewicht auf dem Gipfel des Montblanc wie in dem Thal von Chamouny verloren [6]), wobei der Procentgehalt der Luft an Sauerstoff und an Kohlensäure an beiden Orten sich als derselbe erwies [7]). Aus diesen wie aus weiteren [8]) bei der Verbrennung von Kerzen, Leuchtgas u. s. w. in künstlich verdünnter Luft gemachten Beobachtungen ergibt sich das Resultat, dass der Gang der Verbrennung von Kerzen und anderen ähnlichen Brennstoffen, deren Flammen auf der Verflüchtigung und Erglühung brennbarer Theile in Berührung mit atmosphärischer Luft

---

[1]) Pogg. Ann. 1866, CXXVII, 253 ff.
[2]) Buys-Ballot, Pogg. Ann. CIII, 250.
[3]) Nach Clausius, Pogg. Ann. CV, 239 ff.; vgl. auch Tyndall, die Wärme u. s. w. S. 81.
[4]) Pogg. Ann. 1862, CXV, 49, 56.
[5]) Pogg. Ann. 1861, CXII, 351.
[6]) Frankland, Ann. d. Chem. u. Pharm. CXI, 124; Chem. Centralbl. 1859, 736; Jahresber. für Chemie f. 1859, 736.
[7]) Jahresber. für Chemie f. 1860, 107.
[8]) Jahresber. für Chemie f. 1861, 89.

beruhen, nicht wahrnehmbar durch den Druck des die Verbrennung unterhaltenden Mediums geändert wird. Frankland erklärt dieses Verhalten durch die bei geringerem Druck erhöhte Beweglichkeit der Gase und das vergrösserte Volum der Flamme (welch letzteres auch nur eine Folge der erhöhten Beweglichkeit der Gase sein wird). Nach der Theorie der molecularen Stösse ergibt sich die erhöhte Beweglichkeit der Gase bei geringerem Druck als eine nothwendige Folge des geringeren Abstandes der Gasmolecüle, indem dieselben nach allen Richtungen unregelmässig durch einander fliegend sich bei grösserem Abstande weniger häufig durch gegenseitiges Aneinanderstossen in ihrer fortschreitenden Bewegung stören. Es können dadurch mit verhältnissmässiger Leichtigkeit die Sauerstofftheilchen in die Flamme eindringen [1].

In der Befähigung dieser Gastheorie, die vorgeführten Erscheinungen zu erklären, liegen Beweise für ihre Richtigkeit, deren sich im ferneren Verlaufe dieser Darstellung der Thermochemie immer weitere ergeben werden.

Bei dieser Gelegenheit sei noch die Bemerkung [2] eingefügt, dass es nahe liegt, neben der geradlinig fortschreitenden Bewegung der Gasmolecüle auch eine rotirende Bewegung derselben anzunehmen, da bei jedem Stosse zweier Körper gegen einander, wenn er nicht zufällig central und gerade ist, ausser der fortschreitenden Bewegung auch eine rotirende entsteht.

Nothwendigkeit von Bewegungen der Atome innerhalb des Molecüls.

Ausser der geradlinig fortschreitenden Bewegung der Molecüle der Gase muss auch noch eine Bewegung der Bestandtheile derselben, eine Bewegung der das Molecül zusammensetzenden Atome stattfinden. Denn wenn eine Anzahl in fortschreitender Bewegung begriffener Molecüle in ihren Bestandtheilen keine Bewegung hätte, so würde diese bald durch die Stösse der Molecüle gegen einander und gegen die festen Wände erzeugt werden. Denkt man sich umgekehrt eine Anzahl von Molecülen, deren Bestandtheile in lebhafter Bewegung sind, die aber keine fortschreitende Bewegung haben, so wird diese von selbst entstehen, indem zwei sich berührende Molecüle durch die Bewegung der Bestandtheile

---

[1] Vgl. über die angeführten Versuche und Erscheinungen, und deren gegebene Erklärung, auch Tyndall, die Wärme u. s. w. S. 65.
[2] Von Clausius, Pogg. Ann. C, 354.

von einander gestossen werden, wobei natürlich die Bewegung der Bestandtheile einen entsprechenden Verlust an lebendiger Kraft erleiden muss. Bewegungen der Molecüle und Bewegungen der Atome innerhalb der Molecüle bedingen sich also gegenseitig, und erst wenn alle Bewegungen, welche überhaupt entstehen können, ein gewisses von der Beschaffenheit der Molecüle abhängiges Verhältniss zu einander haben, werden sie sich gegenseitig nicht weiter vermehren oder vermindern [1].

Es lässt sich aber die Nothwendigkeit von Bewegungen auch der Molecülbestandtheile ferner aus der Aequivalenz von Wärme und Arbeit ableiten. Es sind nämlich die specifischen Wärmen gleicher Volume bei gleichem Druck für verschiedene dem vollkommenen Gaszustande nahe stehende Gase zum Theil verschieden. So ist die betreffende specifische Wärme der drei Gase Wasserstoff, Sauerstoff und Stickstoff bedeutend kleiner als diejenige des Sumpfgases, und diese wiederum kleiner als diejenige des Aethylens; wiewohl wenigstens das Sumpfgas, wie sein Verhalten [2] verschiedenen Drucken gegenüber zeigt, ein nahezu vollkommenes Gas ist und also auch in ihm die Wirkungen der Molecularanziehung gegenüber denjenigen der lebendigen Kraft der Molecularbewegung nahezu verschwinden, so dass für die thermische Ausdehnung zur Ueberwindung der Molecularanziehung ebenfalls keine bemerkliche Wärmemenge beansprucht wird. Da nun gleiche Volume dieser Gase unter Voraussetzung gleicher Umstände eine gleiche Anzahl von Molecülen enthalten, so besagt das hinsichtlich ihrer Wärmecapacität angeführte Verhalten, dass für gleiche Temperaturerhöhung, d. h. unter gleicher Vermehrung der lebendigen Kraft der Molecularbewegung, bei verschiedenen Gasen verschieden grosse Wärmemengen aufzuwenden sind. Wollte man die zugeführte Wärme als nur zur Vermehrung der Bewegung der Molecüle dienend auffassen, so würde demnach der Aequivalenz zwischen Wärme und Arbeit widersprochen. Diesem Widerspruch entgeht man aber, wenn man ausser der Bewegung der Molecüle noch eine Bewegung der Bestandtheile derselben annimmt in der Weise, dass je nach der Zusammensetzung der Molecüle das Verhältniss der in der Bewegung der Molecüle sich darstellenden lebendigen Kraft zu der in der Bewegung der Atome sich darstellenden ein verschiedenes, aber für dasselbe Gas bei allen Temperaturen constantes ist. Auf die Beständigkeit dieses Verhältnisses weisen die bei verschiedenen Temperaturen aber für gleiche Temperaturveränderungen gleichen Wärmecapacitäten desselben vollkommenen Gases hin. Bei vorstehender Annahme erklärt sich nun die grössere specifische Wärme gleicher Volume bei gleichem Druck, z. B. des Sumpfgases gegenüber derjenigen des Wasserstoffs dadurch, dass zwar die für Vermehrung der Molecularbewegung bei gleicher Temperaturerhöhung aufzuwendende Wärme-

---

[1] Vorstehende Beweisführung folgt fast wörtlich Clausius, Pogg. Ann. 1857, C, 355.

[2] Regnault, Jahresber. für Chemie f. 1863, 89.

menge für beide Gase gleich gross, aber die zur Vermehrung der Bewegungen der Atome innerhalb des Molecüls erforderten Wärmemengen verschieden gross und zwar für das Sumpfgas, welches 5 Atome im Molecül enthält, grösser ist als für den Wasserstoff, welcher nur 2 Atome im Molecül enthält.

Specifische Wärme vollkommener Gase.

Wird ein vollkommenes Gas bei constantem Druck erwärmt, so wird ein Theil der zugeführten Wärme zu der bei der Ausdehnung des Gases zu leistenden äusseren Arbeit verbraucht: Ausdehnungswärme; ein anderer Theil dient zur Vermehrung der lebendigen Kraft der fortschreitenden Bewegung der Molecüle: Molecularbewegungswärme; ein dritter Theil vermehrt die Bewegung der Bestandtheile der Molecüle, die Bewegung der Atome innerhalb des Molecüls: Atomenbewegungswärme. Für Ueberwindung von Molecularanziehung wird bei Temperaturerhöhung vollkommener Gase, für welche ja die wechselseitige Anziehung der Molecüle verschwindend klein ist, keine Wärme erfordert. Es könnte aber noch die Frage aufgeworfen werden, ob nicht die chemische Anziehung der das Molecül zusammensetzenden Atome bei steigender Temperatur allmälig verringert, die Atome des Molecüls auseinandergerückt, also innerhalb der Molecüle eine Arbeit geleistet und hierzu Wärme verbraucht werde. Wenn diess wirklich der Fall wäre, so müsste der Betrag dieser intramolecularen Arbeit z. B. für die drei permanenten, 2 Atome im Molecül enthaltenden Gase Wasserstoff, Sauerstoff und Stickstoff für gleiche Temperaturerhöhung verschieden gross sein, weil später zu betrachtende Wärmeerscheinungen bei chemischen Umsetzungen eine verschieden grosse wechselseitige Anziehung zwischen je zwei gleichartigen Atomen dieser drei Körper ergeben. Nun sind aber die specifischen Wärmen gleicher Volume dieser drei Körper genau gleich gross. Hiernach ist man — wenn man sich nicht zu der höchst unwahrscheinlichen Annahme versteigen will, dass man es hier mit zufällig gleichen Summen einer gleichen Anzahl ungleicher Summanden zu thun habe — zu dem Schluss berechtigt, dass, wenn eine solche intramoleculare Arbeit überhaupt statthat, sich dieselbe jedenfalls den jetzigen Hilfsmitteln der Beobachtung entzieht und also für die anzustellenden Betrachtungen vernachlässigt werden darf. Es sind mithin für vollkommene Gase nur die drei vorbezeichneten Antheile der specifischen Wärme, die Ausdehnungswärme, die Molecularbewegungswärme und die Atomenbewegungswärme zu berücksichtigen.

Wenn man stets gleiche, unter denselben Umständen die nämliche Anzahl von Molecülen enthaltende, Volume der verschiedenen Gase in Betracht zieht, und zwar, wie hinsichtlich der specifischen Wärme üblich ist, als Volumeinheit den von der Gewichtseinheit Luft bei 0^0 und 760^{mm} Druck erfüllten Raum annimmt, so beträgt die für alle Gase gleich grosse durch Versuche bestimmte Ausdehnungswärme für einen Druck von 760^{mm} Quecksilberhöhe und für eine Temperaturerhöhung von 1^0 0,0691 Wärmeeinheiten (vgl. S. 19).

Das Verhältniss der lebendigen Kraft der fortschreitenden Bewegung der Molecüle zur gesammten in einem Gase enthaltenen lebendigen Kraft hat Clausius [1] — unter Anwendung höherer Mathematik, wesshalb auf die betreffende Entwickelung hier nur verwiesen wird — ausgedrückt durch die Gleichung

$$\frac{K}{H} = \frac{3/2\,(\gamma' - \gamma)}{\gamma},$$

worin K die lebendige Kraft der fortschreitenden Molecüle und H die gesammte in dem Gase vorhandene lebendige Kraft bezeichnet, worin ferner γ' die specifische Wärme gleicher Volume vollkommener Gase bei constantem Druck, γ die specifische Wärme bei constantem Volum — welch letztere zu Molecular- und Atomenbewegungen verwandt wird — mithin $\gamma' - \gamma$ die Ausdehnungswärme vorstellt. Aus diesem Ausdruck lässt sich das Verhältniss der Ausdehnungswärme zur Molecularbewegungswärme ableiten [2]. Ist nämlich W das Wärmeäquivalent der Arbeitseinheit, so ist $K\,W$ die gesammte in der fortschreitenden Bewegung der Molecüle sich darstellende Wärme und $H\,W$ der Gesammtwärmeinhalt eines vollkommenen Gases und

$$\frac{K\,W}{H\,W} = \frac{3/2\,(\gamma' - \gamma)}{\gamma}.$$

Da dieses Verhältniss unabhängig von der Temperatur ist, so besteht — wenn K_1 und H_1 die der Temperatur 1^0, K_0 und H_0 die der Temperatur 0^0 entsprechenden Werthe von K und H darstellen — die Gleichung

$$\frac{K_1\,W}{H_1\,W} = \frac{K_0\,W}{H_0\,W} = \frac{3/2\,(\gamma' - \gamma)}{\gamma},$$

woraus

$$\frac{K_1\,W - K_0\,W}{H_1\,W - H_0\,W} = \frac{3/2\,(\gamma' - \gamma)}{\gamma}.$$

Es ist aber $H_1\,W - H_0\,W$ die specifische Wärme bei constantem Volum $= \gamma$; $K_1\,W - K_0\,W$ der zur fortschreitenden Bewegung der Molecüle verwandte Theil dieser Wärme $= \mu$. Man hat daher

$$\frac{\mu}{\gamma} = \frac{3/2\,(\gamma' - \gamma)}{\gamma},$$

[1] Pogg. Ann. 1857, C, 377.
[2] A. Naumann, Ann. d. Chem. u. Pharm. 1867, CXLII, 267.

hieraus

$$\frac{\gamma' - \gamma}{\mu} = {}^2/_3 \quad \ldots \ldots \ldots \ldots \quad (22)$$

Es steht mithin die Ausdehnungswärme zur Molecularbewegungswärme in dem constanten Verhältnisse von 2 : 3. Wächst
durch stärkeren Druck die Ausdehnungswärme, so muss in demselben
Verhältnisse auch die Molecularbewegungswärme wachsen, was sich auch
daraus erklärt, dass die Anzahl der stärker zu bewegenden Molecüle für
gleiche Volume ebenfalls proportional dem Druck zunimmt.

Für die Atombewegungswärme lässt sich aus vorhandenen
Beobachtungsresultaten mit grosser Wahrscheinlichkeit eine einfache Beziehung sowohl zur Zahl der das Molecül zusammensetzenden Atome als
auch zur Molecularbewegungs- und Ausdehnungswärme ableiten [1]. Zieht
man nämlich bei vollkommenen Gasen von der specifischen Wärme bei
constantem Druck die Ausdehnungswärme und die Molecularbewegungswärme ab, so bleibt als Rest die Atomenbewegungswärme. Dividirt man
für verschiedene dem vollkommenen Gaszustande — wie das Verhalten
verschiedenen Drucken gegenüber zeigt — nicht allzu fern stehende Gase
diese Atomenbewegungswärmen durch die jeweilige Zahl der das Molecül
zusammensetzenden Atome, so erhält man die zur Vermehrung der Bewegung eines Atoms bei vorausgesetzter gleicher Vertheilung nöthige
Wärmemenge, die Atombewegungswärme. Aus den von Regnault [2]
gegebenen Beobachtungswerthen der specifischen Wärmen gleicher Volume bei constantem Druck leiten sich so für folgende Gase die neben-
stehenden Werthe ab:

für Sauerstoff O_2	0,0339
„ Stickstoff N_2	0,0320
„ Wasserstoff H_2	0,0316
„ Stickoxyd NO	0,0339
„ Kohlenoxyd CO	0,0321
„ Chlorwasserstoff HCl	0,0303
„ Schwefelwasserstoff H_2S	0,0377
„ Ammoniak NH_3	0,0318
„ Sumpfgas CH_4	0,0310
„ Aethylen C_2H_4	0,0363

Aus der von Regnault (a. a. O.) gegebenen Einzelbeschreibung der
angestellten Versuche lässt sich die den Beobachtungsergebnissen zukommende Genauigkeit beurtheilen. In Rücksicht auf dieselbe zeigen vorstehende Zahlen eine gute Uebereinstimmung. Man ist daher zu dem
Schlusse berechtigt, dass für verschiedene annähernd vollkommene Gase die
Atombewegungswärmen gleich oder die Atomenbewegungswärmen, d. h.

---

[1] Vgl. Naumann, Ann. d. Chem. u. Pharm. 1867, CXLII, 268.

[2] Mém. de l'acad. des sciences de l'instit. de France, t. XXVI; Jahresber. für
Chemie f. 1863, 83 ff.; Ann. d. Chem. u. Pharm. CXLII, 276.

die gesammte für Vermehrung der lebendigen Kraft der Atomenbewegungen aufgewandte Wärmemenge der Zahl der das Molecül zusammensetzenden Atome proportional ist. Zugleich muss aber auch auffallen, dass die vorstehenden Werthe für die Atombewegungswärme dem Werthe

$$\frac{\gamma' - \gamma}{2} = \frac{0,0691}{2} = 0,0345$$

nahe kommen. Identificirt [1]) man sie damit, so besteht dann für alle vollkommenen Gase ein einfaches constantes Verhältniss der drei verschieden wirkenden Antheile der auf gleiche Volume bezogenen specifischen Wärmen bei constantem Druck: der Ausdehnungswärme, der Molecularbewegungswärme und der Atomenbewegungswärme, nämlich

$$\frac{2\,(\gamma' - \gamma)}{2} : \frac{3\,(\gamma' - \gamma)}{2} : \frac{n\,(\gamma' - \gamma)}{2} = 2 : 3 : n.$$

Folglich ist für alle gasförmigen Körper im ideellen vollkommenen Gaszustande die specifische Wärme für constantes Volum

$$\gamma = 3 \cdot \frac{\gamma' - \gamma}{2} + n \cdot \frac{\gamma' - \gamma}{2} = (n + 3) \cdot \frac{(\gamma' - \gamma)}{2};$$

die specifische Wärme für constanten Druck

$$\gamma' = 2 \cdot \frac{(\gamma' - \gamma)}{2} + 3 \cdot \frac{(\gamma' - \gamma)}{2} + n\,\frac{(\gamma' - \gamma)}{2} = (n + 5) \cdot \frac{(\gamma' - \gamma)}{2}.$$

Setzt man in diese letzte Gleichung für γ' den Mittelwerth 0,23773 der empirischen specifischen Wärmen der nahezu vollkommenen, zweiatomige Molecüle besitzenden, Gase Sauerstoff, Stickstoff und Wasserstoff, so hat man

$$0,23773 = (2 + 5) \cdot \frac{(\gamma' - \gamma)}{2} = 7 \cdot \frac{\gamma' - \gamma}{2},$$

woraus

$$\frac{\gamma' - \gamma}{2} = 0,034.$$

Dieser Zahlenwerth in die obigen Ausdrücke für γ' und γ eingeführt gibt

$$\gamma = (n + 3) \cdot 0,034; \quad \gamma' = (n + 5) \cdot 0,034.$$

Die specifische Wärme γ' gleicher Volume vollkommener Gase bei constantem Druck setzt sich zusammen aus:

Ausdehnungswärme $\gamma' - \gamma =$	. . . . . 2 . 0,034
Molecularbewegungswärme $=$	. . . . . 3 . 0,034
Atomenbewegungswärme $=$	. . . . . n . 0,034
Specifische Wärme γ' $=$	. . $(n + 5)$. 0,034.

[1]) Vgl. bezüglich der Berchtigung dazu auch Naumann, Ann. d. Chem. u. Pharm. CXLII, 272 bis 274.

Für jeden beliebigen Druck von p^{mm} hat man — da dem Druck nicht nur die äussere Ausdehnungsarbeit, sondern auch die Zahl der Molecüle und somit auch der Atome proportional ist — die allgemeine Gleichung

$$\gamma' = \frac{(n + 5)\, 0{,}034 \cdot p}{760} \quad \ldots \ldots \quad (23)$$

Geschwindigkeit der Bewegung der Atome [1]).

Ist die in Vorstehendem ausgedrückte Beziehung der Atomenbewegungswärme zu den übrigen Antheilen der specifischen Wärme vollkommener Gase richtig, so lässt sich gestützt auf dieselbe unter gleichzeitiger Benutzung des für die Geschwindigkeit der Molecularbewegung abgeleiteten Ausdrucks die mittlere Geschwindigkeit v der Bewegung eines Atoms zunächst eines gasförmigen Elementes berechnen. Unter der mittleren Geschwindigkeit ist diejenige zu verstehen, welche im Ganzen dieselbe lebendige Kraft gibt, wie die in einem gegebenen Augenblick wirklich stattfindenden verschiedenen Atomgeschwindigkeiten (vgl. S. 52).

Es sei wie früher c die mittlere Geschwindigkeit der fortschreitenden Bewegung eines aus zwei gleichen Atomen bestehenden Molecüls, v die mittlere Atomgeschwindigkeit. Da die Masse m des Molecüls gleichbedeutend ist mit der Summe der gleichen Massen der beiden Atome, deren jedem also die Masse $\frac{m}{2}$ zukommt, und da sich nach S. 43 die lebendigen Kräfte der Molecularbewegung und der Atomenbewegung wie 3 : 2 verhalten, indem für den vorausgesetzten Fall $n = 2$ ist, so hat man

$$\frac{\dfrac{m}{2}\, v^2 + \dfrac{m}{2}\, v^2}{m\, c^2} = {}^2/_3 \text{ oder } \frac{v^2}{c^2} = {}^2/_3,$$

woraus

$$v = c\, \sqrt{{}^2/_3} = 0{,}8165\, c.$$

Setzt man hierin für c die durch die Gleichungen (20) und (21) auf S. 35 gegebenen Werthe, so wird

$$v_T = 0{,}8165 \cdot 485^m \sqrt{\frac{T}{273\, \varrho}} = 0{,}8165 \cdot 2609^m \sqrt{\frac{T}{273\, M}}.$$

Drückt man das specifische Gewicht ϱ beziehungsweise das Mole-

---

[1]) Vgl. Naumann, Ann. d. Chem. u. Pharm. CXLII, 284.

culargewicht M durch das Gewicht N des Atoms aus, dessen Geschwindigkeit zu bestimmen ist, so ergibt sich

$$v_T = 1506^m \sqrt{\frac{T}{273\,N}} \quad \ldots \ldots \quad (24)$$

Auch wenn das Molecül aus mehreren nicht gleichartigen Atomen zusammengesetzt ist, bleibt, wie wir aus der Betrachtung der specifischen Wärme wissen, für vollkommene Gase die gesammte lebendige Kraft der Atomenbewegungen der Atomenzahl proportional. Daraus ergibt sich nun weiter, dass demselben Atom in allen seinen gasförmigen Verbindungen für gleiche Temperaturen gleiche mittlere Geschwindigkeit zukommt, welche sich allgemein durch Gleichung (24) ausdrückt.

Körper von gleicher Temperatur, aber verschiedenen Aggregatzuständen ändern in Berührung mit einander ihre Temperatur nicht. Es ist dadurch zwar nicht bewiesen, aber doch wahrscheinlich gemacht, dass die lebendige Kraft der Molecularbewegung für denselben Körper in verschiedenen Aggregatzuständen bei gleicher Temperatur gleich gross und überhaupt der absoluten Temperatur proportional ist. Es liegt dann ferner kein zwingender Grund zu der Annahme vor, dass die mittlere Geschwindigkeit der Bewegung der Atome innerhalb des Molecüls in flüssigen und festen Körpern bei derselben Temperatur eine andere sei als in gasförmigen Körpern. Demnach entbehrt es nicht aller Berechtigung, die Beziehungen, welche für gasförmige Körper zwischen der lebendigen Kraft der Molecularbewegung und der lebendigen Kraft der Atomenbewegung, oder was dasselbe sagt, zwischen der Molecularbewegungswärme und der Atomenbewegungswärme erkannt sind, auch auf flüssige und feste Körper auszudehnen.

Kennzeichen unvollkommener Gase.

Nach der seitherigen ausschliesslichen Betrachtung vollkommener Gase, d. h. solcher Gase, bei welchen die wechselseitige Anziehung der Molecüle gegenüber den Wirkungen der lebendigen Kraft derselben verschwindet, sollen nun auch die unvollkommenen Gase, d. h. solche, für welche die aufgestellte Bedingung nicht zutrifft, näherer Betrachtung unterzogen werden. Zunächst sollen Kennzeichen unvollkommener Gase gewonnen werden. Es wurde oben (S. 28) nachgewiesen, dass bei gleicher Temperatur das Volum vollkommener Gase umgekehrt proportional dem Druck ist. Nimmt nun ein Gas, bei gleichbleibender Temperatur, bei z. B. doppeltem Druck das halbe Volum ein, so ist man berechtigt umgekehrt zu schliessen, dass es ein vollkommenes Gas, dass die Anziehung zwischen den Molecülen verschwindend klein ist. Ziehen sich aber die Molecüle gegenseitig erheblich an, so wird das Gas durch doppelten Druck nicht nur auf das halbe Volum gebracht werden, sondern auch dadurch, dass die mittlere Entfernung der Gasmolecüle jetzt kleiner als vorher, die Anziehung derselben mithin grösser geworden ist, eine weitere Volumverminderung erleiden. Wenn demnach die Volumverminderung eines Gases bei steigendem Druck eine stärkere ist, als dem umgekehrten Verhältnisse desselben entspricht, so ist zu schliessen, dass das Gas ein unvollkommenes ist, dass eine merkliche Anziehung seiner Molecüle statthat. Angestellte Versuche [1]) zeigen, dass der Bruchtheil, um welchen sich bei gleichem relativem Wachsthum des Drucks ein unvollkommenes Gas mehr zusammenzieht, als dem umgekehrten Verhältnisse des Drucks entspricht, mit steigendem Anfangsdruck zunimmt. Dieses Verhalten deutet darauf hin, dass die Molecularanziehung zu einer höheren Potenz der Entfernung im umgekehrten Verhältnisse steht. Nach Versuchen von Regnault [2]) ist auch die Luft kein ganz vollkommenes Gas, indem deren Volum stärker abnimmt, als dem umgekehrten Verhältnisse des Drucks entspricht. Bestätigt wird dieser unvollkommene Gaszustand der Luft durch anderweitige Versuche von Joule und W. Thomson [3]), nach welchen sogar der Wasserstoff ein nicht ganz vollkommenes Gas ist.

Nicht vollkommene Gase werden aber dem vollkommenen Gaszustande näher gebracht durch Verdünnung, also dadurch, dass man die mittlere Entfernung ihrer Molecüle und hiermit die Molecularanziehung verringert, und durch Temperaturerhöhung, wodurch die Molecularanziehung im Vergleich zu den Wirkungen der erhöhten lebendigen Kraft der Molecularbewegungen geringer wird. Da nun der Ausdehnungscoëfficient der Luft

bei 3656^{mm} Spannung . . . = 0,003709 [4]),

" 760^{mm} " . . . = 0,003665 [5]),

" 110^{mm} " . . . = 0,003648 [4]),

" bedeutender Verdünnung . = 0.00364166 [4]),

da ferner derselbe zwischen 0^0 und — 87,9^0

bei etwa 2,4 fachem Luftdruck . = 0,0036754 [6])

---

[1]) Regnault, Jahresber. für Chemie f. 1847/48, 136. Die Ergebnisse der das Verhalten des Wasserstoffs betreffenden Versuche weisen darauf hin, dass sein Volum in etwas geringeren Verhältnissen abnehme als der Druck sich vermehrt. Doch bedarf dieses absonderliche Verhalten der Bestätigung um so mehr, da dem Wasserstoff der Ausdehnungscoëfficient 0,0036467 [6]) bei gewöhnlichem Luftdruck zwischen 0^0 und — 87,9^0 zukommt; s. f. S.

[2]) Jahresber. für Chemie f. 1847/48, 136; f. 1863, 89.

[3]) Vgl. Jahresber. für Chemie f. 1854, 48; Verdet, Exposé de la théorie mécanique de la chaleur etc., 146.

[4]) Pogg. Ann. CXIX, 390 u. 392.

[5]) Zwischen 0^0 und 100^0, Regnault, Pogg. Ann. LXV, 412.

[6]) Regnault, Jahresber. für Chemie f. 1849, 29; Pogg. Ann. LXXVII, 109.

gefunden wurde, so ist zu schliessen, dass der Ausdehnungscoëfficient eines unvollkommenen Gases kleiner wird, wenn sich dasselbe dem vollkommenen Gaszustande nähert. Folglich ist der Ausdehnungscoëfficient, welcher für in bedeutendem Grade verdünnte Luft übereinstimmend mit demjenigen für bedeutend verdünnte Kohlensäure = 0,00364166 [1]) gefunden wurde, der dem vollkommenen Gaszustande am meisten entsprechende. Aus ihm ergibt sich nebenbei der absolute Nullpunkt der

$$\text{Temperatur zu} - \frac{1}{0,00364166} = -274,6^0\,[2]),\ \text{wofür künftig}\ -275^0$$

gesetzt werden soll. Zeigt also ein Gas den Ausdehnungscoëfficienten 0,003642 nicht, so hat dasselbe unter den vorliegenden Umständen noch nicht den vollkommenen Gaszustand erreicht, steht demselben aber um so näher, je geringer der Unterschied zwischen dem beobachteten und dem idellen Ausdehnungscoëfficienten 0,003642 ist.

Als Kennzeichen für den unvollkommenen Gaszustand sind also zu betrachten erhebliche Abweichungen von den Gesetzen von Mariotte und von Gay-Lussac.

Einen schönen Beleg hierfür und insbesondere für die Möglichkeit, unvollkommene Gase dem vollkommenen Gaszustande durch Verdünnung, d. h. durch Vergrösserung der mittleren Entfernung ihrer Molecüle, auch bei verhältnissmässig niedrigen Temperaturen nahe zu bringen, liefern die neuerdings von A. W. Hofmann [3]) in der Barometerleere bei geringem Druck gewonnenen Dampfdichtebestimmungen. Es wurden dieselben ausgeführt vermittelst eines von Hofmann ersonnenen Apparates, welcher der Hauptsache nach aus einer in einem Dampfbade erhitzbaren langen Barometerröhre besteht und somit eine Toricelli'sche Leere von grösserem Rauminhalte darbietet. Mit diesem Apparate wurden bei 100°, im Dampfe des siedenden Wassers, die theoretischen Dampfdichten von vielen bei 120° bis 150° siedenden Körpern mit grosser Schärfe genommen. Ebenso wurden bei 185°, im Dampfe des siedenden Anilins, die Dampfdichten des Anilins selbst, des bei 198° siedenden Toluidins und des bei 218° siedenden Naphtalins mit Sicherheit ermittelt.

Specifische Wärme unvollkommener Gase.

Wird ein unvollkommenes Gas bei constantem Druck erwärmt, so wird ausser der Ausdehnungswärme, der Molecularbewegungswärme und der Atomenbewegungswärme auch noch Wärme zu innerer Arbeit, zur Ueberwindung der zwischen den Gasmolecülen stattfindenden Anziehung

---

[1]) Rankine, vgl. Pogg. Ann. CXIX, 392.
[2]) Rankine, vgl. Pogg. Ann. CXIX, 392; Jahresber. für Chemie f. 1851, 48.
[3]) Ber. deutsch. chem. Gesellsch. 1868, Nr. 15, S. 198

verbraucht. Da sich nun ein jedes Gas durch Temperaturerhöhung und Verdünnung dem vollkommenen Gaszustande nahe bringen lässt, so muss die oben (S. 43) für die specifische Wärme gleicher Volume bei constantem Druck abgeleitete Formel $\gamma' = (n + 5) \cdot 0{,}034$ für alle Gase giltig sein, insofern man dieselben als in dem vollkommenen Gaszustande befindlich voraussetzt.

In nachstehender Tabelle [1]) sind aufgeführt:

In Spalte 1.   Die *Namen* der Gase.

In Spalte 2.   Die chemische *Zusammensetzung.*

In Spalte 3.   Im Allgemeinen die von Regnault [2]) gegebenen *theoretischen specifischen Gewichte.* Dieselben wurden nachgerechnet $\left(s = \dfrac{\text{Moleculargewicht}}{28{,}94}\right)$ und statt der vorliegenden Zahl wurde die gefundene, zur Unterscheidung mit nur drei Decimalstellen, eingesetzt, wenn erstere von der letzteren so weit abwich, um die dritte Decimale der in Spalte 5 verzeichneten Werthe zu beeinflussen. Für die unter dieser letzteren angeführte specifische Wärme des Stickstoffs bezogen auf Volum ist Regnault's abweichende Angabe des specifischen Gewichts zu 0,9713 statt 0,968 gleichgiltig, da Regnault [3]) dieselbe aus der specifischen Wärme des Sauerstoffs und der Luft direct berechnet und erst aus ihr die specifische Wärme der Gewichtseinheit abgeleitet hat.

In Spalte 4.   Die von Regnault gegebenen Werthe der *specifischen Wärmen gleicher Gewichte bei constantem Druck.*

In Spalte 5.   Die durch Multiplication mit den specifischen Gewichten hieraus abgeleiteten *specifischen Wärmen gleicher Volume bei constantem Druck.* Für Aethylen wurden die offenbar falschen [4]), von Regnault angeführten Zahlen 0,4106 [5]) und 0,4160 [6]) durch die richtige ersetzt.

In Spalte 6.   Die *theoretischen specifischen Wärmen gleicher Volume bei constantem Druck für den vollkommenen Gaszustand* berechnet nach der Gleichung

$$\gamma' = (n + 5) \cdot 0{,}034.$$

In Spalte 7.   Der *Unterschied* der in Spalte 5 und Spalte 6 aufgeführten Werthe.

In Spalte 8.   Die *Zahl der Atome*, die im Molecül enthalten sind.

In Spalte 9.   Das *theoretische Verhältniss der beiden specifischen Wärmen* gleicher Volume, derjenigen bei constantem Druck zu derjenigen bei constantem Volum, für den vollkommenen Gaszustand berechnet nach der Gleichung

$$\frac{\gamma'}{\gamma} = \frac{n + 5}{n + 3}.$$

---

[1]) Naumann, Ann. d. Chem. u. Pharm. 1867, CXLII, 274 bis 279.

[2]) Mém. de l'acad. des sciences de l'instit. de France t. XXVI, 303, 311, 313, 318 Jahresber. für Chemie f. 1863, 83 ff.

[3]) A. a. O. S. 116.   [4]) Daselbst S. 142.   [5]) Ebendaselbst.   [6]) Daselbst S. 318.

1. Namen der Gase.	2. Zusammensetzung.	3. Dichtigkeit.	4. Regnault's Zahlen der specif. Wärmen b. constantem Druck gleicher Gew.	5. Vol.	6. Theor. specif. Wärmen gleicher Vol. im voll. Gasurmde.	7. Unterschiede (5. — 6.)	8. Atomzahl.	9. Theor. Verhältnis beider specifischen Wärmen.
Sauerstoff	O_2	1,1056	0,21751	0,24049	0,238	0,002	2	1,4
Stickstoff	N_2	0,9713	0,24380	0,23680	„	— 0,001	„	„
Wasserstoff . . .	H_2	0,0692	3,40900	0,23590	„	— 0,002	„	„
Chlor	Cl_2	2,4502	0,12099	0,296	„	0,058	„	„
Brom	Br_2	5,529	0,05552	0,307	„	0,069	„	„
Stickoxyd	NO	1,0384	0,2317	0,2406	„	0,003	„	„
Kohlenoxyd . . .	CO	0,9673	0,2450	0,2370	„	— 0,001	„	„
Chlorwasserstoff .	HCl	1,2596	0,1852	0,2333	„	— 0,005	„	„
Kohlensäure . . .	CO_2	1,5201	0,2169	0,331	0,272	0,059	3	1,333
Stickoxydul . . .	N_2O	1,5201	0,2262	0,345	„	0,073	„	„
Wasser	H_2O	0,6219	0,4805	0,299	„	0,027	„	„
Schweflige Säure .	SO_2	2,221	0,1544	0,343	„	0,071	„	„
Schwefelwasserstoff	H_2S	1,1747	0,2432	0,286	„	0,014	„	„
Schwefelkohlenstoff	CS_2	2,6258	0,1569	0,412	„	0,140	„	„
Ammoniak	NH_3	0,5894	0,5084	0,800	0,306	— 0,006	4	1,286
Phosphorchlorür .	PCl_3	4,751	0,1347	0,640	„	0,334	„	„
Arsenchlorür . . .	$AsCl_3$	6,272	0,1122	0,703	„	0,397	„	„
Sumpfgas	CH_4	0,5527	0,5929	0,3277	0,340	— 0,012	5	1,250
Chloroform . . .	$CHCl_3$	4,1244	0,1567	0,647	„	0,307	„	„
Siliciumchlorid . .	$SiCl_4$	5,874	0,1322	0,777	„	0,437	„	„
Titanchlorid . . .	$TiCl_4$	6,572	0,1290	0,848	„	0,508	„	„
Zinnchlorid . . .	$SnCl_4$	8,970	0,0939	0,842	„	0,502	„	„
Holzgeist	CH_4O	1,1055	0,4580	0,506	0,374	0,132	6	1,222
Aethylen	C_2H_4	0,9672	0,4040	0,3907	„	0,017	„	„
Aethylchlorid . .	C_2H_5Cl	2,223	0,2738	0,609	0,442	0,167	8	1,182
Aethylbromid . .	C_2H_5Br	3,766	0 1896	0,714	„	0,272	„	„
Aethylenchlorid .	$C_2H_4Cl_2$	3,4174	0,2293	0,784	„	0,342	„	„
Alkohol	C_2H_6O	1,5890	0,4534	0,720	0,476	0,244	9	1,167
Aethylcyanid . . .	C_3H_5N	1,9021	0,4262	0,811	„	0,335	„	„
Aceton	C_3H_6O	2,0036	0,4125	0,826	0,510	0,316	10	1,154
Benzol	C_6H_6	2,6942	0,3754	1,011	0,578	0,433	12	1,133
Essigäther	$C_4H_8O_2$	3,0400	0,4008	1,218	0,646	0,572	14	1,118
Aether	$C_4H_{10}O$	2,5573	0,4797	1,227	0,680	0,547	15	1,111
Schwefeläthyl . .	$C_4H_{10}S$	3,1101	0,4008	1,246	„	0,566	„	„
Terpentinöl . . .	$C_{10}H_{16}$	4,6978	0,5061	2,378	1,054	1,324	26	1,069

Wie die Tabelle zeigt, ist bei nachgewiesenermaassen dem Gesetze von Mariotte und Gay-Lussac sich annähernden Gasen die Abweichung der gefundenen von den berechneten specifischen Wärmen nicht bedeutend; sie wird diess bei Gasen, für welche wir aus anderen Gründen auf eine beträchtliche Entfernung von besagtem Gesetze schliessen müssen. Es lässt sich demnach der Unterschied der beobachteten und der theoretischen specifischen Wärme ebenfalls als ein Maassstab betrachten für die Abweichung, welche die betreffenden Gase unter den Umständen, unter welchen sie auf ihre specifische Wärme untersucht wurden, von dem Gesetze von Mariotte und Gay-Lussac zeigen. Hierfür spricht auch, dass die theoretisch berechneten specifischen Wärmen fast stets kleiner und mitunter bedeutend kleiner, nie aber bemerkenswerth grösser sind als die gefundenen. Denn je weiter ein Gas davon entfernt ist, ein vollkommenes zu sein, je mehr noch moleculare Anziehungen beim Erwärmen zu überwinden sind, um so mehr muss die durch den Versuch gefundene specifische Wärme die berechnete überragen. Für das Chlor, welches in einer seiner Verbindungen, der Chlorwasserstoffsäure, hinsichtlich der specifischen Wärme dem obigen Gesetze folgt, ist gewiss der Schluss gerechtfertigt, dass es im freien Zustande dem Gesetze von Mariotte und Gay-Lussac noch verhältnissmässig fernsteht [1]). Es bietet sich also hier ein Weg, um, von der Betrachtung einfacher, wenn auch in der Wirklichkeit nur annähernd und in wenigen Fällen bestehender Verhältnisse ausgehend, zur näheren Erkenntniss der in der Mehrzahl der Fälle statthabenden verwickelteren Beziehungen zu gelangen.

Für *chemisch sich nahestehende Körper*, welche gleichviel Atome im Molecül enthalten, zeigen sich meist durchgreifende Regelmässigkeiten. Es ist für solche der Unterschied der gefundenen und der für den vollkommenen Gaszustand berechneten specifischen Wärme um so bedeutender — und gewöhnlich zugleich der Siedepunkt um so höher — je grösser das Moleculargewicht ist, wie folgende Zusammenstellung zeigt:

---

[1]) Diese Schlussfolgerung wird bestätigt durch Bestimmungen der Dichte des Chlors bei verschiedenen Temperaturen von E. Ludwig (Ber. d. deutsch. chem. Gesellsch. 1868, 232), welche folgende Ergebnisse lieferten:

Temperatur.	Dichte.			
20⁰	2,4807 (Mittel aus 17 Versuchen)			
50⁰	2,4783	„	„ 12	„
100⁰	2,4685	„	„ 5	„
150⁰	2,4609	„	„ 5	„
200⁰	2,4502	„	„ 6	„

während die theoretische, dem Moleculargewicht des Chlors entsprechende Dichte 2,45012 ist. Hiernach folgt das Chlor dem Gay-Lussac-Mariotte'schen Gesetze erst bei 200⁰.

Namen der Gase.	Zusammensetzung.	Atomzahl.	Molecular-gewicht.	Unterschied der theor. und beobachteten spec. Wärme.	Siedepunkt.
Chlor	Cl_2	2	71	0,058	Gas
Brom	Br_2	2	160	0,069	47-63⁰
Kohlensäure	CO_2	3	44	0,059	Gas
Schwefelkohlenstoff. . .	CS_2	3	76	0,140	48⁰
Ammoniak	NH_3	4	14	− 0,006	Gas
Phosphorchlorür	PCl_3	4	137,5	0,334	78⁰
Arsenchlorür	$AsCl_3$	4	181,5	0,397	133⁰
Sumpfgas	CH_4	5	16	− 0,012	Gas
Chloroform	$CHCl_3$	5	119,5	0,307	62⁰
Siliciumchlorid	$SiCl_4$	5	170	0,432	59⁰
Titanchlorid	$TiCl_4$	5	190	0,507	135⁰
Zinnchlorid	$SnCl_4$	5	259,6	0,502	120⁰
Aethylchlorid	C_2H_5Cl	8	64	0,167	11⁰
Aethylbromid	C_2H_5Br	8	109	0,272	41⁰
Aether	$C_4H_{10}O$	15	74	0,547	34,5⁰
Schwefeläthyl	$C_4H_{10}S$	15	90	0,566	91⁰
Wasser	H_2O	3	18	0,027	100⁰ ⎫ Aus-
Schwefelwasserstoff . . .	H_2S	3	34	0,014	Gas ⎭ nahme.

Da mithin Körper von gleicher Atomzahl und entsprechender chemischer Constitution im Allgemeinen um so weiter von den für den vollkommenen Gaszustand geltenden Regeln abweichen, je grösser ihr Moleculargewicht ist, so ist daraus zu schliessen, dass die im gewöhnlichen Gaszustande zwischen den gleichartigen Molecülen noch stattfindenden Anziehungen unter sonst gleichen Verhältnissen mit der Masse der Molecüle wachsen. Ein Ergebniss, welches sich mit einem Grundgesetze der Anziehung in vollständiger Uebereinstimmung befindet.

Temperatur der Gase, ihrer Molecüle und Molecül-bestandtheile [1]).

In den vorstehenden Capiteln wurde durchweg unter Geschwindig-keit eines Molecüls diejenige Geschwindigkeit verstanden, welche der herrschenden Temperatur des Gases entspricht. Molecüle verhalten sich aber beim Zusammenstossen nicht in allen Beziehungen wie vollkommen elastische Kugeln. Anzahl, relatives Gewicht und Werthigkeit der das Molecül zusammensetzenden Atome lassen in der bei weitem überwiegen-den Zahl der Fälle die Annahme von Kugelform für die Molecüle als unzulässig erscheinen. Auch stellen die Atome die beweglichen und fort-während sich bewegenden, mit mehrentheils ungleichen Eigenschaften be-hafteten Bestandtheile der Molecüle dar. In Folge davon findet in Wirk-lichkeit die mannigfaltigste Verschiedenheit in den Geschwindigkeiten der einzelnen Molecüle statt. Als der der Temperatur eines Gases entspre-chende Mittelwerth u der Geschwindigkeit ist für vorausgegangene und nachfolgende Betrachtungen und Entwickelungen derjenige anzunehmen, welcher dieselbe lebendige Kraft gibt, wie die wirklich stattfindenden Geschwindigkeiten u', u'', u''' . . ., so dass, wenn n die Zahl der Molecüle,

$$n\,m\,u^2 = m\,u'^2 + m\,u''^2 + m\,u'''^2 + \cdots$$

Dieser Mittelwerth u der Moleculargeschwindigkeit wird sonach erhalten, indem man aus dem arithmetischen Mittel der Quadrate der Einzel-geschwindigkeiten die Quadratwurzel auszieht:

$$u = \sqrt{\frac{u'^2 + u''^2 + u'''^2 + \cdots}{n}}.$$

Wie bei gleichbleibender Temperatur eines Gases die lebendige Kraft der einzelnen Molecüle die mannigfaltigsten Schwankungen zeigt und nur die mittlere lebendige Kraft derselben fortwährend gleich gross ist, so ist auch die Bewegung der Bestandtheile verschiedener Molecüle in Folge der Zusammenstösse und der Stösse gegen die Wände nicht gleich gross. Nur die mittlere lebendige Kraft dieser Bewegung bleibt bei ungeänder-ter Temperatur des Gases ungeändert und nach S. 32 in constantem für jedes Gas bestimmten Verhältnisse zur mittleren lebendigen Kraft der geradlinig fortschreitenden Molecularbewegung. Es bilden für ein bestimmtes Gas die mittlere lebendige Kraft der Molecularbewegungen und die mittlere lebendige Kraft der Atombewegungen bestimmte sich zur Einheit ergänzende Bruchtheile der ganzen lebendigen Kraft. Die absolute Temperatur ist auch der ganzen im Gase vorhandenen sich in Molecular- und Atombewegungen darstellenden lebendigen Kraft pro-portional.

---

[1]) Vgl. hierüber Clausius, Pogg. Ann. 1857, C, 372; 1862, CXV, 52; Pfaund-ler, Pogg. Ann. 1867, CXXXI, 60; Naumann, Ann. d. Chem. u. Pharm. Suppl. V, 354.

Es drückt Dasjenige, was wir Temperatur nennen, die dem Bewegungszustande der Molecüle entsprechende mittlere lebendige Kraft aus und bezeichnet zugleich den mittleren Bewegungszustand der Atome, da die lebendige Kraft der Atombewegungen zu derjenigen der Molecularbewegungen in einem constanten Verhältnisse (vgl. S. 39 u. 43) steht. Zum Unterschied von dieser **Mitteltemperatur** möge die der lebendigen Kraft der augenblicklichen Bewegung eines einzelnen Molecüls entsprechende Temperatur **Molecültemperatur** heissen, die der lebendigen Kraft der Bewegungen der einzelnen Bestandtheile des Molecüls innerhalb der Sphäre des letzteren entsprechende Temperatur sei durch **Atomtemperatur** bezeichnet. Befänden sich einerseits alle Molecüle unter einander und andererseits die Atome aller Molecüle in gleichen, d. h. gleiche lebendige Kraft darstellenden Bewegungszuständen, so wären sowohl die Molecültemperaturen, als auch alle Atomtemperaturen gleich der Mitteltemperatur. In Wirklichkeit sind aber in Folge des Anstossens der Molecüle die Temperaturen der einzelnen Molecüle unter sich und diejenigen der Atome verschiedener Molecüle unter einander verschieden; beide schwanken bis zu merklich weiteren oder engeren Grenzen um die Mitteltemperatur, so dass diese einerseits das Mittel der Molecültemperaturen und andererseits dasjenige der Atomtemperaturen ausdrückt.

Aequivalenz zwischen Wärme und chemischer Arbeit.

Die Chemie unterscheidet zweierlei Arten von Verbindungen: 1. Die eigentlich chemischen Verbindungen, in welchen die elementaren Atome vermöge der zwischen ihnen herrschenden als chemische Verwandtschaft bezeichneten Anziehung in Verhältnissen zusammengehalten werden, welche durch ihre Werthigkeit, d. h. den relativen Umfang dieser Verwandtschaft mitbedingt sind. Diese Verbindungen können als **Atomverbindungen** bezeichnet werden, indem man den Begriff des Atoms auf elementare Atome und solche Gruppen derselben beschränkt, welche eine oder mehrere freie Verwandtschaftseinheiten bieten. Es sind diess stets Verbindungen nach festen Verhältnissen. 2. Die **Molecülverbindungen**, welche durch die zwischen Molecülen herrschenden Anziehungen zu Stande kommen. Es können Molecülverbindungen nach festen Verhältnissen stattfinden, indem eine gewisse Zahl von Molecülen sich zu einem zusammengesetzteren Molecül vereinigt, z. B. ein Salz mit Krystallwasser, und es können auch Molecülverbindungen nach veränderlichen Verhältnissen stattfinden, wenn unter Mitwirkung der Molecularanziehung sich Molecüle gleichmässig zwischen einander vertheilen, wie bei den Lösungen.

Nach den Anschauungen der mechanischen Wärmetheorie haben die bei chemischen Vorgängen stattfindenden Wärmeerscheinungen ihren Grund in der lebendigen Kraft, welche die Molecüle und Atome gewinnen, indem sie unter gewissen Umständen vermöge der zwischen ihnen stattfindenden Anziehung auf einander losstürzen [1]). Für die Trennung von Atomen oder Molecülen ist dann ein gewisser Aufwand von Arbeit beziehungsweise Wärme nöthig, welcher durch die bei ihrer Vereinigung gewonnene lebendige Kraft bedingt wird. Indem man so den Satz von der Aequivalenz von Wärme und Arbeit und der Erhaltung der lebendigen Kraft auch auf chemische Erscheinungen ausdehnt, findet man die Folgerungen aus diesem Grundsatze durch alle die zahlreichen und mannigfaltigen Erfahrungen im Gebiete der Thermochemie bewahrheitet. Man betrachtet desshalb die Annahme, dass zwischen den bei einer chemischen Umwandlung unter bestimmten Umständen entwickelten oder absorbirten Wärmemengen und der Summe der zur Hervorbringung der umgekehrten Umwandlung unter den nämlichen Umständen erforderlichen chemischen Arbeit Aequivalenz bestehe, als durch die Erfahrung erwiesen. Es ergibt sich aus diesem Satz die weitere Folgerung [2]):

Wenn ein System einfacher oder zusammengesetzter Körper unter bestimmten Verhältnissen gegeben ist, und dasselbe physikalische oder chemische Aenderungen erfährt, welche das System in einen neuen Zustand überführen, ohne dass desshalb äussere mechanische Wirkungen hervorgebracht werden, so hängt die bei diesen Aenderungen erzeugte oder absorbirte Wärmemenge einzig und allein von dem Anfangszustande und dem Endzustande des Systems ab, ist aber dieselbe, welches auch die Art und die Folge der Zwischenzustände sein mag.

Hieraus leiten sich noch einige von Berthelot ebenfalls aufgeführte Schlussfolgerungen ab:

Die bei der Zersetzung eines Körpers absorbirte Wärmemenge ist genau gleich der bei der Bildung desselben Körpers entbundenen Wärmemenge unter der Voraussetzung, dass der Anfangs- und Endzustand dieselben sind.

Die bei einer Reihenfolge zugleich sich vollendender physikalischer und chemischer Umwandlungen statthabende Gesammtwärmeentwickelung ist die Summe der einzelnen bei jeder einzelnen Umwandlung für sich stattfindenden Wärmeentwickelungen. Hierbei müssen für die verglichenen Umwandlungen alle Körper genau auf dieselben physikalischen Zustände zurückgeführt werden.

Wenn man zwei Reihen von Umwandlungen so ausführt, dass man von zwei verschiedenen Anfangszuständen ausgehend zu demselben End-

---

[1]) Vgl. Berthelot, Ann. chim. phys. 1865, (4), VII, 292; im Ausz. Jahresber. für Chemie f. 1865, 47. Vgl. auch Tyndall, die Wärme u. s. w. S. 59.
[2]) Berthelot, Ann. chim. phys. 1865, (4), VI, 294; Jahresber. für Chemie f. 1865, 47.

zustande gelangt, so ist der Unterschied zwischen den in beiden Fällen
stattfindenden Wärmeentwickelungen gleich dem Betrag der bei der Ueberführung des einen Anfangszustandes in den anderen stattfindenden Wärmeentwickelung. Dem entsprechend ist bei gleichen Anfangs-, aber verschiedenen Endzuständen der Unterschied der Wärmeentwickelungen
gleich dem Betrag der bei der Ueberführung des einen Endzustandes in
den anderen stattfindenden Wärmeentwickelung.

Wenn ein Körper A (z. B. Sauerstoff) bei der Vereinigung mit einem
anderen Körper B (z. B. einem Metall) Wärme entwickelt, und wenn
hierauf der Körper AB (das Metalloxyd) den Körper A (den Sauerstoff)
an einen dritten Körper C (ein anderes Metall) abgibt unter Bildung
einer neuen Verbindung AC (des Oxyds des anderen Metalls), so ist die
Wärmeentwickelung bei dem letzteren Vorgang geringer als die Wärmeentwickelung bei der directen Vereinigung von A mit C und zwar um
den Betrag der Wärmeentwickelung bei der directen Vereinigung von
A mit B.

Zersetzende Wirkung der Wärme auf gasförmige Ver-
bindungen. Dissociation.

Nach Vorausschickung dieser allgemeinen Sätze der Thermochemie
soll zunächst die Wirkung der Wärme auf gasförmige Verbindungen betrachtet werden, weil uns hierin die einfachsten Beziehungen gegeben
sind, welche zwischen Wärme und chemischen Vorgängen statthaben können. Denn einmal handelt es sich hier um Körper in demjenigen Aggre-
gatzustande, über dessen Wesen man nach vorausgegangenen Betrachtungen und Entwickelungen die eingehendsten Vorstellungen besitzt. Zum
anderen findet die zu betrachtende Zersetzung ohne Mitwirkung anderer
Körper durch Hitze allein statt, wird also nur durch die Veränderung
der Bewegungszustände der Atome des Molecüls zu Stande gebracht.

Wird eine gasförmige Verbindung erwärmt, so nimmt proportional
der absoluten Temperatur sowohl die lebendige Kraft der fortschreitenden Bewegung der Molecüle, als auch die lebendige Kraft der Bewegungen der Bestandtheile innerhalb des Molecüls zu. Ist nun letztere so
gross geworden, dass sie die gegenseitige Anziehung der Atome oder
Atomgruppen zu überwinden vermag, so tritt Zersetzung des Molecüls ein.

Es ist also die Zersetzungstemperatur diejenige Atomtemperatur (vgl. S. 53), welche gerade den Bewegungszustand der Bestandtheile
des Molecüls ausdrückt, bei welchem das in Folge der Atomschwingungen

herrschende Streben, zu zerfallen, und der in der gegenseitigen Anziehung der Atome liegende Widerstand gegen Zersetzung gerade im Gleichgewicht stehen. Beim Ueberschreiten derselben tritt ein Zerfallen des Moleculs in solche Bestandtheile ein, welchen bei den geänderten Verhältnissen die Fähigkeit als Molecüle zu bestehen zukommt. Es ergibt sich hieraus, *dass die Zersetzungstemperatur eines gasförmigen Körpers ein ganz bestimmter Temperaturpunkt ist* [1]).

Nach S. 52 u. 53 angestellten Betrachtungen über Molecular- und Atomtemperaturen eines Gases im Ganzen und seiner einzelnen Molecüle ergibt sich als die einfachste und wahrscheinlichste Voraussetzung, dass bei jeder Mitteltemperatur gleiche Abweichungen in den Atomtemperaturen einerseits nach oben andererseits nach unten für eine gleiche Anzahl von Molecülen statthaben. Ist nun diese Mitteltemperatur gleich der Zersetzungstemperatur, so werden gleich viel Molecüle in ihren Atomtemperaturen nach oben wie nach unten ausweichen; die einen sind zerfallen, die anderen unzersetzt. Die Anzahl der zersetzten Molecüle wird also bei der Zersetzungstemperatur die Hälfte der ursprünglich vorhandenen sein. *Es ist die Zersetzungstemperatur eines Gases die Mitteltemperatur der halbvollendeten Zersetzung, d. h. diejenige Temperatur, bei welcher die Zersetzung 50 Proc. beträgt* [2]).

Aus Vorstehendem erhellt schon, dass die Zersetzung einer gasförmigen Verbindung keineswegs eine bei einer bestimmten Mitteltemperatur beginnende und bei derselben Temperatur sich auch vollendende ist. Die Zersetzung wird vielmehr schon unterhalb der Zersetzungstemperatur beginnen, wenn bei der herrschenden Mitteltemperatur einzelne Molecüle in ihren Atomtemperaturen gerade noch über die Zersetzungstemperatur hinausragen. Steigt die Temperatur, so nimmt die Zahl der Molecüle, welche in ihren Atomtemperaturen die Zersetzungstemperatur überschreiten, zu, bis, wie vorhin gezeigt wurde, bei der Zersetzungstemperatur als Mitteltemperatur die Zahl dieser Molecüle die Hälfte der ursprünglich vorhandenen beträgt. Erhebt sich die Mitteltemperatur allmälig über die Zersetzungstemperatur hinaus, so wird die Zersetzung so lange noch nicht vollständig sein, als noch Molecüle in ihren Atomtemperaturen unter die Zersetzungstemperatur herunterragen. Die Zahl dieser wird aber mit steigender Mitteltemperatur immer geringer werden, bis endlich die Zersetzung eine vollständige ist, wenn keine Molecüle mehr bis unter die Zersetzungstemperatur in ihren Atomtemperaturen herunterreichen.

Die Zersetzung gasförmiger Körper durch Temperaturerhöhung muss also eine unterhalb der Zersetzungstemperatur als Mitteltemperatur beginnende, bei steigender Temperatur zunehmende und erst oberhalb der Zersetzungstemperatur sich vollendende sein. Oder um eine übliche Aus-

---

[1]) Vgl. die zuerst von Pfaundler gegebene, nachher (S. 57) wörtlich angeführte Darstellung.

[2]) Naumann, Ann. d. Chem. u. Pharm. 1867, Suppl. V, 360; Jahresber. für Chemie f. 1867, 85.

drucksweise zu gebrauchen, *die gasförmigen Körper müssen beim Zersetzen durch Temperaturerhöhung die Erscheinung der Dissociation* [1]), *d. h. einer theilweisen, bei steigender Temperatur zunehmenden Zersetzung zeigen.*

Was nun die Temperaturen des Beginns und der Vollendung der Dissociation anlangt, so ist möglicherweise für einzelne Molecüle die Schwankung in den Atomtemperaturen eine sehr grosse und mithin der Abstand der Anfangstemperatur der Dissociation von der Endtemperatur der Dissociation oder der ganze Temperaturumfang der Dissociation ein sehr grosser. Hier soll jedoch immer nur von dem merkbaren Temperaturumfang der Dissociation die Rede sein, welcher sich nach den gegenwärtigen experimentellen Hilfsmitteln, wie nachher erörtert werden wird, von dem durch Dampfdichtebestimmungen nachweisbaren Beginn der Zersetzung bis zu der gleicherweise nachweisbaren Vollendung derselben erstreckt.

In welcher Weise nun innerhalb der Temperaturgrenzen der Dissociation der Vorgang der theilweisen, bei steigender Temperatur zunehmenden, für jede Temperatur einen gewissen Bruchtheil betragenden Zersetzung zu denken ist, mag die wörtliche Wiedergabe der ursprünglichen Erklärung von Pfaundler [2]) lehren:

„So lange die Verbindung noch gar nicht zersetzt ist, haben alle Molecüle die Zusammensetzung *A B*. Sie bewegen sich geradlinig fort. Ausserdem bewegen sich die Bestandtheile dieser Molecüle gegeneinander. Diese Bewegung der Bestandtheile ist aber (so wenig wie die geradlinige) nicht bei allen Molecülen gleich gross; denn wäre sie es auch in einem gegebenen Momente, so könnte sie es in Folge der Zusammenstösse und der Stösse an die Wände nicht bleiben. Nur die mittlere lebendige Kraft dieser Bewegung bleibt bei ungeänderter Temperatur gleich gross und in bestimmtem Verhältnisse zur lebendigen Kraft der geradlinigen Bewegung der Molecüle. In den einzelnen Molecülen muss sie aber bald grösser, bald kleiner sein. Wird nun die Temperatur erhöht, so steigt die lebendige Kraft beider Bewegungen. Es kann daher kommen, dass die Steigerung der inneren Bewegung bei jenen Molecülen, bei denen sie im Momente schon sehr gross ist, so gross wird, dass sie zu einer vollständigen Trennung der Bestandtheile *A* und *B* führt. Diese Trennung kann unmöglich alle Molecüle *zugleich* ergreifen, sondern muss bei jenen zuerst eintreten, bei denen die innere Bewegung grösser ist als bei den übrigen. Diese getrennten Bestandtheile, welche nun selbst freie Molecüle geworden sind, folgen von nun an ebenfalls der geradlinigen Bewegung. Inzwischen hat eine neue Anzahl bisher unzersetzter Molecüle jenes Maximum innerer Bewegung erreicht, in Folge deren sie zerfallen. Diess wird

[1]) Dieser Ausdruck stammt von H. Deville, vgl. A. Würtz, Compt. rend. 1857, XLV, 857.

[2]) Pogg. Ann. 1867, CXXXI, 60; im Ausz. Jahresber. für Chemie f. 1867, 82.

in gleichen Zeiten eine gleiche Anzahl treffen und die Menge der gespaltenen Molecüle fortwährend vermehren. Diese werden sich aber zum Theil wieder begegnen. Nicht alle sich begegnenden gespaltenen Molecüle können sich wieder vereinigen, sondern nur solche, deren Bewegungszustände derartig sind, dass aus diesen bei der Vereinigung zur ursprünglichen Verbindung keine grössere Bewegung der Bestandtheile resultirt, als jene ist, bei der sie sich trennen mussten. Bei einer bestimmten constanten Temperatur muss folglich die Vermehrung der freien Theilmolecüle so lange fortschreiten, bis die Zahl der sich binnen eines Zeitraums wieder vereinigenden Molecüle so gross geworden ist, als die Zahl der in derselben Zeit durch Spaltung entstandenen. Von diesem Zeitpunkt an herrscht dann *Gleichgewicht* zwischen den Zersetzungen und Verbindungen, so lange die Temperatur sich nicht ändert. Steigt diese aber, so muss die Anzahl der sich spaltenden Molecüle grösser, zugleich die der sich wieder vereinigenden Molecüle zunächst kleiner werden. Das Gleichgewicht kann erst dann wieder hergestellt sein, wenn die Anzahl der im freien Zustande befindlichen Molecüle *A* und *B* so gross geworden ist, dass sich wiederum ebensoviele verbinden, als sich zersetzen. Steigt die Temperatur immer höher, so muss endlich ein Zeitpunkt kommen, wo alle Molecüle sich zersetzen, ohne sich wieder verbinden zu können. In diesem Momente endet die Periode der Dissociation mit dem Eintritt der vollständigen Zersetzung."

Verlauf der Dissociation.

Der Verlauf der Zersetzung innerhalb der Temperaturgrenzen der Dissociation lässt sich von theoretischen Gesichtspunkten aus noch etwas näher bestimmen und es steht das Ergebniss der folgenden Betrachtungen mit den bis jetzt vorliegenden Versuchsresultaten in befriedigender Uebereinstimmung, wie die Vergleichung lehren wird. Vorhin schon wurde es als die einfachste und wahrscheinlichste Voraussetzung bezeichnet, dass bei einer bestimmten Mitteltemperatur eines Gases die Abweichung der Atomtemperaturen nach oben wie nach unten eine gleiche Anzahl von Molecülen betrifft. Es bietet sich ferner bezüglich der Schwankungen der Atomtemperaturen um die Mitteltemperatur als naheliegende, auch mit anderweitigen Erscheinungen im Einklang stehende und von weiteren besonderen Voraussetzungen sich fernhaltende Annahme die, dass geringere Abweichungen in den Atomtemperaturen von einer Mitteltemperatur einer grösseren Anzahl von Molecülen und grössere Abweichungen einer geringeren Anzahl von Molecülen zukommen. Man denke sich nun ein Gas, welchem als Mitteltemperatur die Anfangstemperatur der Dissociation zukommt. Es werden dann nur wenige Molecüle in den Atomtemperaturen gerade an die Zersetzungstemperatur heranreichen. Wird die Mitteltemperatur jetzt um n^0 erhöht, so wird, da die Atomtemperaturen aller Molecüle durchgehends höher wurden, eine gewisse Anzahl von Molecülen in den Atomtemperaturen die Zersetzungstemperatur überschreiten, zersetzt werden. Bei einer abermaligen Temperaturerhöhöhung um n^0 wird wiederum eine weitere Anzahl von Molecülen in den Atomtemperaturen die Zersetzungstemperatur überschreiten, ebenfalls zersetzt werden. Da aber das jetzige Temperaturintervall von n^0 der Zersetzungstemperatur näher liegt, als das unmittelbar vorhergehende, und da kleinere Abweichungen der Atomtemperaturen von der jeweiligen Mitteltemperatur einer grösseren Anzahl von Molecülen zukommen, so muss bei der zweiten Temperaturerhöhung von n^0 eine grössere Anzahl von Molecülen in den Atomtemperaturen die Zersetzungstemperatur überschritten haben, als bei der ersten. Für gleiche Temperaturerhöhung nehmen also die Zuwachse der Zersetzung zu und zwar, da die Mitteltemperatur der Zersetzungstemperatur immer näher kommt, so lange, bis letztere von der ersteren erreicht ist. Dann hat die Zersetzung 50 Proc. der ursprünglichen Verbindung ergriffen. Von jetzt ab entfernt sich aber bei weiterer Temperaturerhöhung die Mitteltemperatur immer mehr von der Zersetzungstemperatur. Es wird desshalb für gleiche Temperaturerhebungen eine immer geringere Anzahl von Molecülen in den Atomtemperaturen die Zersetzungstemperatur nach oben überschreiten und fernerhin zersetzt werden, bis endlich, wenn die Mitteltemperatur die Endtemperatur der Dissociation erreicht hat, sämmtliche Molecüle die Zersetzungstemperatur überschritten haben, die Zersetzung vollendet ist. *Für gleiche Temperaturerhöhungen nehmen mithin die Zersetzungszuwachse von der Temperatur des Beginns der Dissociation an bis zur Zersetzungstemperatur, d. i. bis zur halbvollendeten Zersetzung, fortwährend zu und von der Zersetzungstemperatur an bis zur Temperatur der Vollendung der Dissociation fortwährend ab* [1]).

Die Richtigkeit dieses Gesetzes lässt sich leicht durch eine graphische Darstellung veranschaulichen, indem man die Temperaturen als Abscissen, die relative Zahl der eine bestimmte Atomtemperatur besitzenden Molecüle als zu beiden Seiten der Mitteltemperatur abnehmende Ordinaten aufträgt, deren Endpunkte man verbindet. Es stellt dann das ganze, zwischen dieser Verbindungscurve und dem zugehörigen Theil der Abscissenlinie begriffene Flächenstück die Zahl der vorhandenen Molecüle dar. Rückt man das ganze System an eine im Punkte der Zersetzungstemperatur errichtete Senkrechte und dann zur Bezeichnung gleicher Temperaturerhebungen nach und nach um stets gleiche Abscissenstücke

---

[1]) Vgl. N a u m a n n, Ann. d. Chem. u. Pharm. Suppl. V, 366.

über dieselbe hinaus, so ergibt sich durch Vergleichung der jedesmal
jenseits der Senkrechten rückenden Flächenstücke das obige Gesetz [1]).

Berechnung des Dissociationsgrades.

Vorstehende Ergebnisse der Speculation sollen nun mit Versuchsresultaten verglichen werden. Es lässt sich die Dissociation gasförmiger
Verbindungen durch Dampfdichtebestimmungen nachweisen und in ihrem
Verlauf verfolgen. Bei der Zersetzung zerfällt nämlich ein Molecül in
zwei oder mehrere, allgemein in n Molecüle. Da nun in demselben Raum
unter denselben Umständen stets eine gleiche Anzahl von Molecülen enthalten ist, so ist der von den Zersetzungsproducten eingenommene Raum
im Vergleich zu dem von der ursprünglichen Verbindung eingenommenen
Raum ein $n$facher. Die Dampfdichte, welche die unzersetzte Verbindung
zeigt, wird also, sobald die Zersetzung beginnt, abnehmen und zwar bei
steigender Temperatur, mit welcher die Zersetzungsgeschwindigkeit
wächst, immer rascher, bis sie bei vollendeter Zersetzung nur noch $\dfrac{1}{n}$ der
ursprünglichen Dichte beträgt.

Es lässt sich leicht eine Formel ableiten, nach welcher sich aus dem
(theoretischen) specifischen Gewicht eines dissociationsfähigen Gases, der
Zahl der Molecüle, in welche ein Molecül der ursprünglichen Verbindung
sich spaltet, und aus der beobachteten Dampfdichte der Betrag der Zersetzung, d. h. die zersetzte Menge, berechnet. Die specifischen Gewichte

---

[1]) Unter Zugrundelegung einiger theoretischen Betrachtungen habe ich (Ann. d.
Chem. u. Pharm. Suppl. V, 356) nach Beziehungen gesucht zwischen der Temperatur
des Beginns der Dissociation T', der Temperatur der Vollendung derselben T'' und der
Zersetzungstemperatur T und gelangte zu der Gleichung

$$T = \frac{T'\sqrt{T''} + T''\sqrt{T'}}{\sqrt{T'} + \sqrt{T''}}.$$

Aus Versehen ist an jener Stelle die Division unausgeführt geblieben, welche den
einfachen Ausdruck ergibt

$$T = \sqrt{T'T''}.$$

Wenn auch die theoretischen Grundlagen keine ganz sicheren und zwingenden sind, so
ist doch die Einfachheit des Endergebnisses bemerkenswerth und liegt es nicht ausser
dem Bereich der Möglichkeit, dass strengere Grundlagen das gleiche Resultat erschliessen
lassen.

Horstmann (Ber. d. deutsch. chem. Gesellsch. 1868, 210) macht die Annahme,
dass die der oben beschriebenen und früher von mir (Ann. d. Chem. u. Pharm. Suppl.
V, 366) schon angedeuteten graphischen Darstellung entsprechende Curve die sogenannte
Wahrscheinlichkeitscurve sei.

der entstehenden Gasmischungen sind nämlich keine unmittelbar vergleichbaren Ausdrücke für die Grösse der Dissociation gasförmiger Körper, für den Dissociationsgrad derselben. Dagegen ist als solches Grössenmaass das zweckmässig in Procenten anzugebende Verhältniss der zersetzten Molecülzahl zur Anzahl der ursprünglich vorhandenen zu betrachten, Dasselbe lässt sich folgendermaassen bestimmen.

Das specifische Gewicht eines dissociationsfähigen Körpers sei d. Man wird hierfür am besten das theoretische specifische Gewicht, also $d = \dfrac{m}{28,94}$ setzen, wo m das Moleculargewicht vorstellt. Bei der Dissociation zerfalle ein Molecül in a Molecüle. Es ist dann die Dampfdichte der Mischung seiner Zersetzungsproducte $\dfrac{d}{a}$. Es seien nun $x + y$ Molecüle der ursprünglichen Verbindung einer gewissen Temperatur ausgesetzt worden, x seien unzersetzt, y zersetzt in ay Molecüle der Zersetzungsproducte. Dann ist das specifische Gewicht der gesammten Gasmischung:

$$D = \frac{(x + y)\, d}{x + ay},$$

woraus

$$x\,(d - D) = y\,(a D - d) \text{ und } \frac{y}{x} = \frac{d - D}{a D - d}.$$

Folglich ist das Verhältniss der zersetzten Molecüle zur Anzahl der ursprünglich vorhandenen

$$\frac{y}{x + y} = \frac{d - D}{(a - 1)\, D} \quad \cdots \cdots \cdots (25)$$

Hieraus erhält man die Zahl der zersetzten Molecüle der ursprünglichen Verbindung in Procenten der ursprünglich vorhandenen, wenn man die Zahl der letzteren $x + y = 100$ setzt, alsdann wird $y = p$ und Gleichung (25) geht über in

$$\frac{p}{100} = \frac{d - D}{(a - 1)\, D},$$

wonach

$$p = \frac{100\,(d - D)}{(a - 1)\, D} \quad \cdots \cdots \cdots (26)$$

Für $a = 2$ erhält diese Formel die Gestalt

$$p = \frac{100\,(d - D)}{D} \quad \cdots , \cdots \cdots (27)$$

D ist durch den Versuch festzustellen.

Nach Formel (27) sind für die folgenden Tabellen die den beigefügten Temperaturen und Dampfdichten entsprechenden Procente an zersetzter Verbindung berechnet. Zugleich ist zur leichteren Beurtheilung des Ganges der Zersetzung der je zwei aufeinanderfolgenden Tempera-

turen entsprechende Zuwachs der Zersetzung auf eine Temperaturerhöhung
von 10⁰ bezogen worden unter der Annahme, dass zwischen diesen Temperaturgrenzen der Zuwachs der Zersetzung der Temperaturzunahme proportional sei.

_____

Versuchsergebnisse über Dissociation von Gasen.

Nachstehend sind die bekannten dissociationsfähigen Körper, für
welche die Zusammensetzung des durch Hitze zersetzbaren Molecüls und
die Zersetzungsproducte bekannt sind und für welche zugleich Dampfdichtebestimmungen bei verschiedenen innerhalb der Dissociationsgrenzen
liegenden Temperaturen vorliegen, einzeln betrachtet. Die Versuchsergebnisse und die aus ihnen bezüglich des Grades und Ganges der Dissociation
berechneten Zahlenwerthe sind für jeden Körper in Tabellenform zusammengestellt.

a) Dissociation der Untersalpetersäure [1]).

A. Plaifayr und J. A. Wanklyn [2]) fanden die Dichten des Untersalpetersäuredampfs, indem unter Anwendung des von ihnen [3]) beschriebenen Verfahrens Stickgas beigemengt wurde, bei 4,2⁰ zu 2,588; bei 11,3⁰
zu 2,645; bei 24,5⁰ zu 2,520; bei 97,5⁰ zu 1,783. Sie schlossen aus
diesen Ergebnissen, dass sowohl die durch die Formel NO_2 (welcher die
Dampfdichte 1,589 entspricht), als auch die durch die Formel N_2O_4
(welcher die Dampfdichte 3,179 entspricht) ausgedrückte Substanz exi-
stire, und dass beide bei Temperaturwechsel in einander übergehen; dass
bei 100⁰ der sogenannte Untersalpetersäuredampf hauptsächlich aus NO_2,
bei gewöhnlicher Temperatur hauptsächlich aus N_2O_4 bestehe.

R. Müller [4]) fand die Dichten des Untersalpetersäuredampfs bei
28⁰ zu 2,70; bei 32⁰ zu 2,65; bei 52⁰ zu 2,26; bei 70⁰ zu 1,95; bei 79⁰
zu 1,84 [5]). In Rücksicht auf diese Ergebnisse, sowie auf die von ihm
untersuchten Reactionen der flüssigen Untersalpetersäure, bei welchen
allen die beiden Atomgruppen NO und NO_2 auftraten oder stets die
durch N_2O_4 ausgedrückte Untersalpetersäuremenge einwirkte, hat Müller
für die flüssige Untersalpetersäure die rationelle Formel $\left.\begin{matrix} NO_2 \\ NO \end{matrix}\right\}O$ aufgestellt, mithin das Molecül der flüssigen Untersalpetersäure durch N_2O_4
ausgedrückt.

_____

[1]) Naumann, Ann. d. Chem. u. Pharm. 1868, Suppl. VI, 203 bis 206.
[2]) Ann. d. Chem. u. Pharm. 1862 CXXII, 249.
[3]) Daselbst 1862, CXXI, 102.
[4]) Daselbst 1862, CXXII, 15.
[5]) Es zeigen diese Zahlen grosse Uebereinstimmung mit denjenigen der a. f. S. verzeichneten, von H. Deville und Troost ausgeführten umfassenderen Versuchsreihe.

Nach Delafontaine[1]) zeigen die Versuche von H. Deville und Troost, dass die Untersalpetersäure zwei Dampfdichten besitzt, von welchen die eine die Hälfte der anderen ist. Delafontaine weist noch besonders auf die Beobachtung beider hin, dass der bei — 10° kaum gelbe Untersalpetersäuredampf bei steigender Temperatur allmälig dunkler wird, bei 183° mehr schwarz als roth ist und selbst in dünnen Schichten das Licht kaum durchlässt.

Unter der Voraussetzung, dass die bei hinreichend niedriger Temperatur als N_2O_4 aufzufassende Untersalpetersäure bei höherer Temperatur eine theilweise, mit steigender Temperatur zunehmende Zersetzung erleidet, wobei ein Molecül sich in deren zwei spaltet, sind aus der in nachfolgender Tabelle enthaltenen Versuchsreihe von H. Deville und Troost[2]) die den einzelnen Beobachtungstemperaturen und zugehörigen Dampfdichten entsprechenden Procente der zersetzten Untersalpetersäuremolecüle berechnet nach der Gleichung (27), in welche für d das der Untersalpetersäure $= N_2O_4$ entsprechende theoretische specifische Gewicht 3,179 und für D der Reihe nach die beobachteten Dampfdichten gesetzt wurden.

Temperatur.	Dampfdichte der Untersalpetersäure.	Procente der Zersetzung.	Zuwachs an Procenten der Zersetzung für 10° Temperaturerhöhung.
26,7°	2,65	19,96	
35,4	2,53	25,65	6,5
39,8	2,46	29,23	8,1
49,6	2,27	40,04	11,0
60,2	2,08	52,84	12,1
70,0	1,92	65,57	13,0
80,6	1,80	76,61	10,4
90,0	1,72	84,83	8,8
100,1	1,68	89,23	4,4
111,3	1,65	92,67	3,1
121,5	1,62	96,23	3,5
135,0	1,60	98,69	1,8
154,0	1,58		
183,2	1,57		

Zersetzungstemperatur, d. i. Temperatur der halbvollendeten Zersetzung ungefähr 58°, Temperatur der Vollendung der Dissociation ungefähr 150°.

[1]) Nouv. Arch. des sciences phys. nat. XXVIII, 271; Instit. 1867, 136.
[2]) Compt. rend. LXIV, 237; Jahresber. für Chemie f. 1867, 177.

Eine Betrachtung des in der letzten Verticalreihe vorstehender Tabelle sich darstellenden Ganges der Zersetzung der Untersalpetersäure N_2O_4 ergibt — unter Berücksichtigung, dass bei dem nicht unbedeutenden Einfluss, welchen innerhalb der Fehlergrenzen liegende Schwankungen einer einzelnen Dampfdichte auf die Bestimmung des Betrags der Zersetzung ausüben, nur der Verlauf der Zersetzung im Ganzen als maassgebend zu betrachten ist — eine befriedigende Uebereinstimmung mit dem bezüglich des allgemeinen Verlaufs der Dissociation gasförmiger Körper (S. 59) abgeleiteten Ergebniss: dass die, gleichen Temperaturerhöhungen entsprechenden, Zersetzungszuwachse von der Temperatur des Beginns der Dissociation an bis zur Zersetzungstemperatur, d. i. bis zur Temperatur der halbvollendeten Zersetzung, welche für die Untersalpetersäure ungefähr 58^0 beträgt, fortwährend zunehmen und von der Zersetzungstemperatur an bis zur Temperatur der Vollendung der Dissociation fortwährend abnehmen.

Die Richtigkeit der der Berechnung obiger Tabelle zu Grunde liegenden Voraussetzung, dass die Untersalpetersäure bei niederer Temperatur als N_2O_4 aufzufassen sei und in höherer Temperatur eine theilweise, mit der Temperatur zunehmende Zersetzung in zwei Molecüle erleide, hat neuerdings [1]) eine weitere Bestätigung gefunden. Es ist nämlich die Untersalpetersäure farblos bei einer Temperatur, bei welcher ihre Dampfdichte der Formel N_2O_4 entspricht, und dieselbe färbt sich um so mehr, je näher man der Temperatur kommt, bei welcher die Dampfdichte auf die Formel NO_2 hinweist. Setzt man hiernach voraus, dass N_2O_4 farblos und NO_2 gefärbt sei, so lassen sich aus den von H. Deville und Troost für verschiedene Temperaturen gefundenen Dampfdichten der Untersalpetersäure die Längen einer Dampfsäule von der Siedetemperatur $26,7^0$ berechnen, welche dieselbe Färbung zeigt, wie eine der Längeneinheit gleiche Säule bei den verschiedenen Versuchstemperaturen. Vergleichende Beobachtungen haben die vollständige Uebereinstimmung dieser berechneten mit den bei den betreffenden Versuchen gemessenen Längen ergeben.

Nach dem Gesammtverhalten der Untersalpetersäure muss man schliessen, dass bei der Spaltung des Molecüls N_2O_4 durch Hitze NO_2 + NO_2 gebildet wird. Die Untersalpetersäure ist somit bei Temperaturen über 150^0 dem Quecksilber zu vergleichen, für welches im Dampfzustand das Atom zugleich auch das Molecül bildet.

Die obige Tabelle zeigt eine Uebereinstimmung zwischen dem beobachteten Gange der Dissociation und den vorher theoretisch abgeleiteten Gesetzen derselben, auf welche um so mehr Gewicht zu legen ist, als die Dampfdichtebestimmungen der Untersalpetersäure im Vergleich zu denjenigen der nachher zu betrachtenden dissociationsfähigen Körper die geringsten Versuchsfehler in sich schliessen. Diese Bestimmungen sind zwar, wie diejenigen für Bromwasserstoff- und Jodwasserstoff-Amylen

---

[1]) Durch Salet, Compt. rend. 1868, LXVII, 488.

nach der Methode von Dumas ausgeführt, nach welcher man die flüssige Substanz im Ueberschuss in einen Ballon bringt, diesen der Beobachtungstemperatur aussetzt und nachdem das Ausströmen des überschüssigen Dampfs aufgehört hat, zuschmilzt, wägt u. s. w.; aber sie wurden mit einer und derselben Füllung des Ballons angestellt. Es wurde nämlich der Ballon nach jeder Wägung noch verschlossen der nächst höheren Versuchstemperatur eine halbe Stunde ausgesetzt, dann dessen feine Spitze ohne Glasverlust geöffnet und nach dem Aufhören der Gasausströmung wieder zugeschmolzen, dann wurde wieder gewogen u. s. w. Ferner entspringt für die Dampfdichtebestimmung der Untersalpetersäure wegen der Identität der beiden Zersetzungsproducte keine Fehlerquelle aus der Diffusion der letzteren bei geöffnetem Ballon.

b) Dissociation des Bromwasserstoff- und des Jodwasserstoff-Amylens, des Phosphorchlorids und des Schwefelsäurehydrats [1]).

1) *Bromwasserstoff - Amylen*, $C_5H_{10} . HBr$. Würtz [2]) hat nachgewiesen, „dass dieser Körper bei 40^0, 50^0, 60^0 oberhalb seines Siedepunkts die normale Dampfdichte zeigt, während bei noch höherer Temperatur die Dampfdichte kleiner wird, bis sie nur noch die Hälfte der normalen beträgt." Bei der beim Erkalten eintretenden Wiedervereinigung der Bestandtheile bleibt etwas Bromwasserstoff unverbunden, „als Zeuge für die Zersetzung." Später hat Würtz [3]) gezeigt, dass beim Zusammenbringen von Amylen und Bromwasserstoff in einen geeigneten Apparat zwischen 120^0 und 130^0, wo Bromwasserstoff-Amylen noch normale Dampfdichte zeigt, eine beträchtlich grössere Temperaturerhöhung des Gasgemenges eintritt, als zwischen 215^0 und 225^0, wo die Dampfdichte des Bromwasserstoff-Amylens auf theilweise Zersetzung hindeutet. Dieses Ergebniss weist darauf hin, dass zwischen den letzteren Temperaturen eine weniger vollständige Verbindung der gemischten Gase stattgefunden hat, als zwischen den ersteren niederen. Es zerfällt sonach das Bromwasserstoff-Amylen unzweifelhaft bei steigender Temperatur allmälig in Amylen und Bromwasserstoff. Es folgen nachstehend die Würtz'schen Beobachtungswerthe sammt den daraus abgeleiteten Zahlen. Das Bromwasserstoff-Amylen siedet bei 113^0. Die theoretische Dampfdichte ist 5,22. Diejenige des Gemenges seiner Zersetzungsproducte, Amylen und Bromwasserstoff, $\dfrac{5,22}{2} = 2,61$.

---

[1]) Naumann, Ann. d. Chem. u. Pharm. 1867, Suppl. V, 346 bis 350.
[2]) Ann. d. Chem. u. Pharm. 1865, CXXXV, 315; Jahresber. für Chemie f. 1865, 36.
[3]) Compt. rend. LXII, 1182 und Ann. d. Chem. u. Pharm. CXL, 171; Jahresber. für Chemie f. 1866, 39.

Temperatur (corrig.).	Dampfdichte.	Procente der Zersetzung.	Zuwachs an Procenten der Zersetzung für 10° Temperaturerhöhung.
152°	5,37		
155,8	5,18		
160,5	5,32		
165	5,14	1,6	
171,2	5,16		
173,1	5,18		
183,3	5,15	1,4	
185,5	5,12	2	7,7
193,2	4,84	7,9	
195,5	4,66	12	9,2
205,2	4,39	18,9	8
215	4,12	26,7	
225	4,69 } 4,18 / 3,68		4,5
236,5	3,83	36,3	19
248	3,30	58,2	7,4
262,5	3,09	68,9	
272	3,11		1,2
295	3,19		
305,3	3,19		
314	2,98	75,1	11,7
319,2	2,88	81,2	4,6
360	2,61	100	

Zersetzungstemperatur, d. i. Temperatur der halbvollendeten Zersetzung ungefähr 244°.

2) *Jodwasserstoff-Amylen*, C_5H_{10} . HJ. — Dieser Körper zeigt nach den Untersuchungen von Würtz ähnliches Verhalten wie der vorhergehende. Nur kann derselbe oberhalb seines Siedepunkts gar nicht Gasform annehmen, ohne theilweise Zersetzung zu erleiden. Es liegen von Würtz zweimal je drei Dampfdichtebestimmungen vor. Die zuerst aufgeführten sind die später [1]), die drei letzten die früher [2]) veröffentlichten. Das Jodwasserstoff-Amylen siedet bei 130°. Die theoretische

---

[1]) Compt. rend. 1866, LXII, 1182, u Chem. Centralbl. 1866, 588.
[2]) Ann. d. Chem. u. Pharm. CXXXV, 314, Anmerkung.

Dampfdichte ist 6,84. Diejenige des Gemenges seiner Zersetzungspro-

ducte, Amylen und Jodwasserstoff, $\dfrac{6,84}{2} = 3,42.$

Temperatur.	Dampfdichte.	Procente der Zersetzung.	Zuwachs an Procenten der Zersetzung für 10° Temperaturerhöhung.
143°	6,05	13,1	
153,5	5,97	14,6	1,4
168	5,88	16,3	1,2
160	5,73	19,4	
210	4,66	46,8	5,5
262	4,38	56,2	1,8

3) *Phosphorchlorid*, PCl_5, unterliegt der Dissociation, indem es in Phosphorchlorür und Chlor zerfällt. Nach Versuchen von Wanklyn und Robinson[1]) geht bei der Diffusion des von Phosphorchlorid gelieferten Dampfs in Kohlensäuregas freies Chlor in dieses über und das in dem Kolben Rückständige enthält Phosphorchlorür. Neuerdings erkannte H. Deville[2]), dass der von Phosphorchlorid gelieferte Dampf gelbgrün ist, also freies Chlor enthält, während nach allen Analogien der Dampf des Phosphorchlorids farblos sein sollte. Dabei sah man die Farbe des Chlors sich allmälig mit steigender Temperatur mehr und mehr entwickeln. Die folgenden, von Cahours[3]) ausgeführten Dampfdichtebestimmungen zeigen, dass auch dieser Körper oberhalb seines Siedepunkts nicht Gasform annehmen kann, ohne dissociirt zu werden. Neuere Bestimmungen, welche Cahours[4]) bei 170° und 172° ausgeführt hat, ergaben Zahlen, die, wenn auch beträchtlich grösser als die früher bei 182° und 185° erhaltenen, doch noch weit entfernt von den der normalen Dampfdichte entsprechenden sind. Dieselben sind bis jetzt noch nicht veröffentlicht worden. Das Phosphorchlorid siedet bei 160° bis 165°. Die theoretische Dampfdichte ist 7,2. Diejenige des Gemenges seiner

Zersetzungsproducte, Phosphorchlorür und Chlor, $\dfrac{7,2}{2} = 3,6$

[1]) Ann. d. Chem. u. Pharm. CXXVII, 110 u. 111, Anmerk. u. Jahresber. für Chem. f. 1863, 39.

[2]) Compt. rend. 1866, LXII, 1157; Chem. Centralbl. 1866, 586; Ann. d. Chem. u. Pharm. CXLI, 47.

[3]) Jahresber. für Chem. f. 1847/48, 364.

[4]) Ann. d. Chem. u. Pharm. CXLI, 42.

Temperatur	Dampfdichte	Proçente der Zersetzung	Zuwachs an Proçenten der Zersetzung für 10° Temperaturerhöhung
182°	5,08	41,7	
			3,25
190	4,99	44,3	
			4,2
200	4,85	48,5	
			6,3
230	4,30	67,4	
			6,3
250	4	80	
			3,1
274	3,84	87,5	
			6,2
288	3,67	96,2	
289	3,69		0,9
300	3,65	97,3	

Zersetzungstemperatur ungefähr 202°.

4) *Schwefelsäurehydrat*, SH_2O_4. Nach Wanklyn und Robinson [1] geht bei der Diffusion des von Schwefelsäurehydrat gelieferten Dampfs in atmosphärische Luft vorzugsweise der leichtere Wasserdampf weg und das in dem Kolben Rückständige besteht dann aus Schwefelsäurehydrat und wasserfreier Schwefelsäure. Auch hier ist die untere Temperaturgrenze der Dissociation nicht bekannt, weil, wie die nachfolgenden, von Bineau [2] ausgeführten Dampfdichtebestimmungen zeigen, oberhalb des Siedepunkts der Dampf schon theilweise zersetzt ist. Die theoretische Dampfdichte des Schwefelsäurehydrats ist 3,386. Diejenige des Gemenges seiner Zersetzungsproducte, wasserfreie Schwefelsäure und Wasser, $\frac{3,386}{2} = 1,693$.

Temperatur	Dampfdichte	Procente der Zersetzung	Zuwachs an Proçenten der Zersetzung für 10° Temperaturerhöhung
332°	2,50	35,4	
			12,2
345	2,24	51,2	
			4,3
365	2,12	59,7	
			5
416	1,69	100,3	
498	1,68		

Zersetzungstemperatur ungefähr 344°.

[1] Ann. d. Chem. u. Pharm. CXXVII, 110 u. 111, Anmerk. u. Jahresber. für Chem. f. 1863, 38. — [2] Ann. d. Chem u. Pharm. LX, 161.

Zur genaueren Bestimmung des **Temperaturumfangs** der **Dissociation** sind die vorliegenden Dampfdichtebestimmungen nicht ausreichend. Für das Bromwasserstoff-Amylen sind dieselben zwar umfassend, aber nicht genau genug, um die Temperatur des Beginns und diejenige der Vollendung der Zersetzung unzweifelhaft erkennen zu lassen. Nach den oben verzeichneten Ergebnissen lässt sich für das Bromwasserstoff-Amylen der Abstand der Anfangstemperatur der Dissociation von der Endtemperatur auf etwa 160⁰ bis 170⁰ schätzen.

Mit dem bezüglich des **Verlaufs der Dissociation** auf theoretischer Grundlage entwickelten Gesetz (S. 59), mit welchem die sichersten, auf die Untersalpetersäure bezüglichen Versuchsergebnisse auch im Einzelnen befriedigende Uebereinstimmung zeigen, stehen die Werthe, welche für die vier zuletzt betrachteten dissociationsfähigen Körper aus den Versuchsresultaten abgeleitet worden sind, im Ganzen nicht im Widerspruch. Besonders zeigt sich da, wo umfassendere Dampfdichtebestimmungen vorliegen, bei Phosphorchlorid und in den ersten zwei Dritteln der Beobachtungsreihe für Bromwasserstoff-Amylen eine genügende Uebereinstimmung. Einzelnen abweichenden Zahlen ist bei der nicht geringen Unzuverlässigkeit der einschlagenden Dampfdichtebestimmungen kein besonderes Gewicht beizulegen. Bezüglich des Jodwasserstoff-Amylens vergleiche man in dieser Hinsicht die für 160⁰ und 168⁰ bei verschiedenen Versuchsreihen gefundenen, in der betreffenden Tabelle verzeichneten Werthe. Hält man bei Anwendung der Dumas'schen Methode den Ballon während des Erhitzens längere Zeit offen, so entspringt eine Fehlerquelle aus der ungleichen Diffusion der verschiedenen Bestandtheile der durch die Hitze entstehenden Gasmischung. Ist durch zu kurzes Erhitzen die zur Zersetzung nöthige Wärmezufuhr unzureichend, so bleibt der Bruchtheil der zersetzten Verbindung unter dem der Temperatur des Bades entsprechenden wahren Werth und die Dampfdichte fällt zu hoch aus. Letzteres zeigen die für das Bromwasserstoff-Amylen bei der Temperatur von 225⁰ gefundenen, in der betreffenden Tabelle verzeichneten Dampfdichten 4,69 und 3,68, von welchen die erstere, jedenfalls zu hohe, bei raschem Erhitzen auf 225⁰, die zweite nach 10 Minuten langer Einwirkung dieser Temperatur beobachtet wurde. Beide Fehlerquellen sind möglichst vermieden bei der Bestimmung der Dampfdichte der Untersalpetersäure, indem einmal die Zersetzungsproducte zufällig identisch sind, und ferner der Ballon verschlossen eine halbe Stunde lang der Temperatur des Bades ausgesetzt und dann nur auf kurze Zeit geöffnet wurde. Dabei übertraf die einwirkende Temperatur diejenige der zunächst vorhergehenden mit derselben Füllung des Ballons ausgeführten Bestimmung für die entscheidenden Beobachtungen nur um 5⁰ bis 12⁰ und konnte also die durch Ausströmen eines Theils der Gasmischung erfolgende Abkühlung keinen bedeutenden für die Genauigkeit nachtheiligen Einfluss ausüben.

Legt man sonach auf die den fünf bisher untersuchten dissociations-

fähigen Körpern entsprechenden Versuchswerthe um so mehr Gewicht, je
umfassender und zugleich zuverlässiger dieselben sind, so ist der Schluss
berechtigt, *dass das bezüglich des Verlaufs der Dissociation theoretisch
gefolgerte Gesetz* — wonach bei durch Hitze zersetzbaren Gasen von gasförmigen Zersetzungsproducten für gleiche Temperaturerhöhungen die
Zersetzungszuwachse von der Temperatur des Beginns der Dissociation an
bis zur Zersetzungstemperatur, d. i. bis zur Temperatur der halbvollendeten Zersetzung, fortwährend zunehmen und von der Zersetzungstemperatur an bis zur Temperatur der Vollendung der Dissociation fortwährend
abnehmen — *durch die Erfahrung seine vollständige thatsächliche Bestätigung findet.*

Es spricht dann ferner diese befriedigende Uebereinstimmung des
beobachteten Verlaufs der Dissosiation mit den aus der Gastheorie ge-
zogenen theoretischen Folgerungen rückwärts für die Berechtigung der
über das Wesen der Gase von der mechanischen Wärmetheorie ausgebil-
deten Anschauungen.

Die sogenannten abnormen Dampfdichten.

Ein dissociationsfähiger gas- oder dampfförmiger Körper muss nach
den in den vorausgegangenen Abschnitten enthaltenen Erörterungen bezüglich der Dampfdichte folgendes Verhalten zeigen. Vor dem Eintritt
der Dissociation besitzt er die ihm nach seiner Zusammensetzung zukommende normale Dampfdichte d. Während des Temperaturintervalls der
Dissociation ergibt sich eine fortwährend abnehmende Dampfdichte, wie
sie einem Gemenge seines eigenen, bei steigender Temperatur in stets
geringerer relativer Menge auftretenden Dampfs mit den Dämpfen der
sich mit steigender Temperatur stets vermehrenden Zersetzungsproducte
zukommen muss. Oberhalb der Temperatur der vollendeten Dissociation
tritt die Dampfdichte des Gemisches der Zersetzungsproducte $\dfrac{d}{n}$ auf, wo
n die Anzahl der Molecüle bezeichnet, in welche sich ein Molecül der
Verbindung spaltet. Einen thatsächlichen Beleg hierfür liefert das Verhalten des Bromwasserstoff-Amylens, dessen Dampfdichte man vor, während und nach dem Eintritt der Dissociation, wie die S. 66 befindliche
Tabelle zeigt, für eine fortlaufende Reihe von Temperaturen beobachtet
hat. Das Verhalten auch der übrigen dissociationsfähigen Körper stimmt
hiermit überein, soweit man ihre Dampfdichten untersucht hat, was aber
für keinen in dem Umfang wie für das Bromwasserstoff-Amylen geschehen ist.

Während des Temperaturintervalls der Dissociation nimmt die Dampfdichte stetig aber nicht gleichmässig ab, wie aus dem theoretisch erschlossenen Verlauf der Dissociation folgt und wie es die Beobachtungsreihe für Untersalpetersäure in hervortretendster Weise zeigt. Dagegen ist für gleiche Temperaturerhebungen die Abnahme der Dampfdichte von der beginnenden bis zur halbvollendeten Dissociation, d. i. bis zur eigentlichen Zersetzungstemperatur, eine fortwährend grössere und von da ab bis zur Vollendung der Dissociation eine fortwährend kleinere. Wollte man die mit steigender Temperatur in der dargelegten Weise zunehmende Zersetzung leugnen, so müsste man für den Dampf der dissociationsfähigen Körper einen mit steigender Temperatur stets rascher zunehmenden, ein Maximum erreichenden und dann wieder bis zum constanten allgemeingiltigen Werth immer langsamer abnehmenden Ausdehnungscoefficienten annehmen. Deville und Troost haben diess für den Untersalpetersäuredampf (am S. 63 a. O) in der That gethan und mussten demgemäss das Maximum des Ausdehnungscoëfficienten allerdings „*très-curieux*" finden, da ihnen, indem sie eine allmälige Zersetzung in Abrede stellen, der Erklärungsgrund mangelt. Diese sonst unerklärliche, scheinbare Veränderlichkeit des Ausdehnungscoëfficienten und ihr Gesetz findet in der thatsächlich nachgewiesenen Zersetzung der betreffenden Körper und in dem theoretisch und thatsächlich erkannten Verlauf derselben ihre vollständig befriedigende Erklärung. Somit kann über den Grund der sogenannten abnormen Dampfdichten der fünf vorstehend betrachteten Körper kein Dunkel mehr bestehen.

Sogenannte abnorme Dampfdichten sind ferner noch beobachtet und als auf einer Zersetzung durch Hitze beruhend erklärt [1]) worden: für die verschiedenen Haloïdsalze des Ammoniums, als NH_4Cl, NH_4Cy u. a. [2]), deren Raumerfüllung gleich derjenigen von NH_3 und HCl oder HCy o. a. ist; für bromwasserstoff- und chlorwasserstoffsauren Phosphorwasserstoff, PH_4Br, PH_4Cl u. a., deren Dampfdichte auf ein Zerfallen zu PH_3 und HBr u. s. w. hinweist; für Schwefelammonium [3]) $(NH_4)_2S$, dessen Raumerfüllung einer Zersetzung in $2NH_3$ und H_2S entspricht; für Ammoniumsulfhydrat, NH_5S, gemäss einem Zerfallen in NH_3 und H_2S; für carbaminsaures Ammoniumoxyd $CN_2H_6O_2$ (sogenanntes wasserfreies kohlensaures Ammoniak), wie wenn es zu $2NH_3$ und CO_2 zerfiele; für das letzte aus dem Methyläther, C_2H_6O, bei Einwirkung von Chlor sich bildende Substitutionsproduct C_2Cl_6O, dessen Dampfdichte dem Gemenge der muthmaasslichen Zersetzungsproducte Chlorkohlenoxyd, CCl_2O, und Chlorkohlenstoff entspricht. Auch für das Antimonchlorid [4]), $SbCl_5$, ist ein Zerfallen beim Verdampfen

---

[1]) Kopp, Ann. d. Chem. u. Pharm. 1858, CV, 390 bis 394.

[2]) Vgl. Ann. d. Chem. u. Pharm. CXXVII, 279; Chem. Centralbl. 1863, 535; Jahresber. für Chemie f. 1863, 17.

[3]) Vgl. auch Horstmann, Ann. d. Chem. u. Pharm. 1868, Suppl. VI, 74 bis 76.

[4]) E. Mitscherlich, Pogg. Ann. 1833, XXIX, 227.

in SbCl$_3$ und Cl$_2$, sowie für das Phosphorbromid [1]), PBr$_5$, eine Zerlegung
in PBr$_3$ und Br$_2$ nachgewiesen worden. Zu den bei höheren Temperaturen spaltbaren Körpern sind nach Versuchen von Deville noch zu
zählen der bei niederer Temperatur die normale Dichte zeigende Dampf
des Quecksilberjodids [2]) und auch das Quecksilberjodid-Jodammonium [3]).
Das ebenfalls von H. Deville beobachtete Zerfallen der Kohlensäure [4])
bei hoher Temperatur ist wohl richtiger als eine Umsetzung nach der
Gleichung $2 CO_2 = 2 CO + O_2$ aufzufassen, bis der Nachweis beige-
bracht wird, dass bei diesem Zerfallen einzelne Atome Sauerstoff auftreten
gemäss der Gleichung $CO_2 = CO + O$. In gleicher Weise kann vorläufig das schon von Grove [5]) und später durch umfassendere Versuche von
Deville [6]) beobachtete Zerfallen des Wassers unter dem Einflusse des glühen-
den oder geschmolzenen Platins als eine Umsetzung nach der Gleichung
$2 H_2O = 2 H_2 + O_2$ aufgefasst werden. Auch das Quecksilberchlorür
zeigt nach einem Versuche von Odling [7]) und nach einem noch über-
zeugenderen von Erlenmeyer [7]) wenigstens ein theilweises Zerfallen
in Quecksilber und Quecksilberchlorid, das man jedoch auch als eine Umsetzung auffassen kann, wenn man das Molecül des Quecksilberchlorürs
nicht als Hg$_2$Cl$_2$, sondern als HgCl betrachtet. Es besteht dann die Umsetzungsgleichung $2 HgCl = Hg + HgCl_2$.

Dass die scheinbare Dampfdichte eines Körpers in Wirklichkeit die
Dichte eines Gemenges von Zersetzungsproducten sein könne, haben
schon Bineau und Gerhardt [8]) ausgesprochen; später unabhängig
von einander Kopp [9]), Kekulé [10]) und Cannizzaro [11]); Kekulé erin-
nerte zugleich an das Teträthylammoniumjodid [12]), das beim Erhitzen zu
Triäthylamin und Jodäthyl zerfällt, welche beiden Körper zu gesonderten
Schichten überdestilliren, aber sich dann bald wieder zu der ursprüng-

---

[1]) Gladstone, Phil. Mag. 1849 (3), XXXV, 345.

[2]) Jahresber. für Chemie f. 1866, 41; Ann. d. Chem. u. Pharm. CXL, 170;
Chem. Centralbl. 1866. 587.

[3]) Jahresber. für Chemie f. 1866, 43.

[4]) Jahresber. für Chemie f. 1863, 31; Ann. d. Chem. u. Pharm. CXXVII, 109;
im kurz. Ausz. Chem. Centralbl. 1863, 543.

[5]) Jahresber. für Chemie f. 1847/48, 326; Ann. d. Chem. u. Pharm. LXIII, 1.

[6]) Jahresber. für Chemie f. 1857, 58; Ann. d. Chem. u. Pharm. CV, 384.

[7]) Jahresber. für Chemie f. 1864, 280; Ann. d. Chem. u. Pharm. CXXXI, 126;
Chem. Centralbl. 1865, 80.

[8]) Vgl. Kopp, Ann. d. Chem. u. Pharm. 1858, CV, 393 und 1863, CXXVII,
113, Anmerkung; Jahresber. für Chemie f. 1857, 61, Anmerkung, u. f. 1859, 27.

[9]) Ann. d. Chem. u. Pharm. 1858, CV, 390 bis 394; Jahresber. für Chemie f.
1857, 61.

[10]) Ann. d. Chem. u. Pharm. 1858, CVI, 143, Anmerkung; Jahresber. für Chemie
f. 1857, 61, Anmerkung, f. 1859, 27.

[11]) Jahresber. für Chemie f. 1851, 12, Anmerkung, f. 1859, 27.

[12]) Vgl. Kopp, Ann. d. Chem. u. Pharm. 1863, CXXVII, 113, Anmerkung;
Kekulé, organ. Chemie 1861, I. 446, 463.

lichen Verbindung vereinigen, so dass es den Anschein haben kann, als
ob diese Verbindung ohne Zersetzung flüchtig sei.

Später wurde das Zerfallen des Salmiaks durch Hitze in Salzsäure und Ammoniak durch Diffusionsversuche von Pebal[1]) nachgewiesen, deren Ergebnisse nachher unter noch weniger Zweifeln Raum
gebenden Versuchsbedingungen von Than[2]) bestätigt wurden. Than[3])
wies zugleich durch einen eigens dazu construirten Apparat nach, dass
Salzsäure und Ammoniak sich zwischen 350° und 360° nicht verbinden,
während zwischen 330° und 340° Verbindung stattfinden kann.

Bezüglich des Schwefelsäurehydrats und Phosphorchlorids wiesen
J. A. Wanklyn und Robinson das Zerfallen, wofür auch hinsichtlich
des Phosphorchlorids Beobachtungen von Deville über dessen Dampffarbe
sprechen, bezüglich des Bromwasserstoff- und Jodwasserstoff-Amylens
wies Würtz die Zerlegung durch Hitze direct nach, wie schon oben
S. 65 ff. angeführt wurde.

Unter den Körpern, deren abnorme Dampfdichte als auf einem Zerfallen durch Hitze beruhend erkannt und somit beseitigt ist, mögen sich
solche befinden, welche überhaupt nicht unzersetzt in Dampfform bestehen
können und desshalb schon bei der Verflüchtigung vollständige Zersetzung
erleiden. Diejenigen durch Hitze zerfallenden Körper von gasförmigen
Zersetzungsproducten aber, welche bei niederen Temperaturen unzersetzt
Gasform annehmen können, werden durchgehends die Erscheinung der
Dissociation, der theilweisen, mit der Temperatur nach den S. 59 erörterten Gesetzen vorschreitenden Zersetzung zeigen, wie diess für die umfassender und genauer untersuchten thatsächlich erwiesen ist.

Voraussichtlich wird die S. 47 erwähnte Hofmann'sche Methode
der Bestimmung von Dampfdichten, welche letztere bei verhältnissmässig
niederen Temperaturen zu nehmen gestattet, in vielen Fällen ermitteln
lassen, ob Körper mit abnormen Dampfdichten sich überhaupt schon bei
der Verflüchtigung vollständig zerlegen oder bei niederen Temperaturen
ganz oder wenigstens theilweise unzersetzt den Dampfzustand annehmen
können und mithin wie das Bromwasserstoff-Amylen, die Untersalpetersäure, das Phosphorchlorid u. a. zu den dissociationsfähigen Verbindungen
zu zählen sind.

Nach den zu Grunde liegenden Anschauungen der mechanischen
Wärmetheorie wie nach Versuchsergebnissen ist die Folgerung gerechtfertigt, dass durch Hitze alle Verbindungen zersetzbar sind und zwar in
letzter Linie in die einzelnen elementaren Atome zerfallen werden, wenn

---

[1]) Jahresber. für Chemie f. 1862, 5; Ann. d. Chem. u. Pharm. CXXIII, 199;
Chem. Centralbl. 1862, 784.

[2]) Jahresber. für Chemie f. 1864, 79; Ann. d. Chem. u. Pharm. CXXXI, 138.
Chem. Centralbl. 1865, 91.

[3]) Ann. d. Chem. u. Pharm. 1864, CXXXI, 131 bis 134; Chem. Centralbl. 1865,
89; Jahresber. für Chemie f. 1864, 77.

die Temperatur dermaassen gesteigert wird, dass in Folge der hohen lebendigen Kraft der einzelnen Atome die zwischen denselben herrschende
Anziehung vollständig überwunden wird. Das Beispiel der Untersalpetersäure lehrt, wie eine Verbindung bei steigender Temperatur allmälig in
noch zusmmengesetzte, aber zweifellos freie Verwandtschaftseinheiten
zeigende Atomgruppen sich spalten kann. Aus der Dampfdichte des
Quecksilbers geht hervor, dass für diesen Körper das Atom zugleich
auch das Molecül bildet, d. h. dass bei den Temperaturen der Dampfdichtebestimmungen an diesem Körper die zwischen den elementaren
Atomen herrschende Anziehung in Folge der lebendigen Kraft der
einzelnen Atome schon vollständig überwunden war. Es gibt in dieser
Hinsicht die Zersetzungstemperatur in der ihr entsprechenden lebendigen
Kraft der Atombewegungen zugleich einen Anhalt zur Beurtheilung des
Widerstandes, welchen verschiedene Körper zersetzenden Einflüssen ent-
gegenstellen, zur Beurtheilung der Stärke, mit welcher die Bestandtheile
verschiedener Verbindungen sich anziehen, da bei alleiniger Einwirkung
der Wärme der störende Einfluss anderer Körper ausgeschlossen ist.

    Eine abnorme und zwar eine zu grosse Dampfdichte zeigen auch
bei gewöhnlichem Druck die Dämpfe aller untersuchten Flüssigkeiten in
der Nähe des Siedepunkts bis zu 30^0 bis 40^0 über demselben, ja der
Essigsäuredampf bis zu 100^0 über dem Siedepunkt, von wo ab dann die
normale Dampfdichte eintritt. Es könnte diese Abweichung entweder
darin ihren Grund haben, dass in der Nähe der Siedetemperatur Gruppen
der bei höherer Temperatur für sich bestehenden Molecüle ein einziges
physikalisches Molecül bilden; oder darin, dass bei gewöhnlichem Druck
in der Nähe der Siedetemperatur die in der mittleren Entfernung der
Molecüle stattfindende Molecularanziehung sich noch zu sehr geltend
macht. Im ersteren Falle müsste bei steigender Temperatur die Aenderung der Dampfdichte den für dissociationsfähige Körper bestehenden
und S. 59 geschilderten Verlauf nehmen; im zweiten Falle müssten unter
niedrigem Druck, d. h. bei vergrösserter mittlerer Entfernung und somit
verringerter Anziehung der Molecüle in der Nähe der Siedetemperatur anzustellende Dampfdichtebeobachtungen nahezu die normale Dichte zeigen.

    Nach dem in fraglicher Hinsicht bis jetzt vorliegenden, zur un-
zweifelhaften Entscheidung nicht ausreichenden Versuchsmaterial [1]) ist es —

---

    [1]) Siehe z. B. bezüglich der Essigsäure:
    C a h o u r s , Ann. d. Chem. u. Pharm. 1845, LVI, 176; Pogg. Ann. 1845, LXV,
422 (aus Compt. rend. XX, 51). C a h o u r s hat auch Bestimmungen der Dampfdichte
von Abkömmlingen der Essigsäure ausgeführt [Jahresber. für Chemie f. 1863, 36;
Ann. d. Chem. u. Pharm. CXXVIII, 69 bis 72 (aus Compt. rend. LVI, 900)], welche
darauf hinweisen, dass wenn im Dampf der Essigsäure das basische Wasserstoffatom
durch einen ähnlich functionirenden Körper (Methyl, Aethyl, Amyl, Acetyl) ersetzt wird,
die Anomalie in der Dampfdichte verschwindet, während sie in weniger stark hervor-
tretender Weise fortdauert, wenn Wasserstoff im Radical (durch Chlor) ersetzt wird, und
sich in viel schwächerem Grade bei der Thiacetsäure zeigt, d. h. wenn man den ausserhalb des Radicals stehenden Sauerstoff durch Schwefel ersetzt.

besonders für die am genauesten, aber bei denselben Temperaturen für verschiedenen Druck oder für verschiedene Verdünnung [1]) doch noch nicht genügend untersuchte Essigsäure — wahrscheinlicher, dass in der Nähe der Siedetemperatur die Dämpfe noch nicht als nahezu vollkommene Gase zu betrachten sind, d. h. dass die wechselseitige Anziehung der einfachen Molecüle in der mittleren Entfernung bei gewöhnlichem Druck noch nicht verschwindend klein geworden, dadurch die mittlere Entfernung der Molecüle selbst eine kleinere und mithin die Dichte im Vergleich zum Moleculargewicht eine grössere ist als bei Körpern, welche dem vollkommenen Gaszustande näher stehen, unter gleichen Umständen. Ueber diesen Punkt scheinen nach der wiederholt erwähnten Hofmann'schen Methode anzustellende Versuche den gewünschten Aufschluss in Aussicht zu stellen.

Zu den Körpern, welche im Dampfzustand eine grössere als die nach Analogie anderer Körper zu erwartende Dichte zeigen, gehören noch Phosphor [2]), Arsen [2]), und bei niederen Temperaturen auch der Schwefel. Sowohl für den Phosphor als auch für das Arsen stimmen die für weit auseinanderliegende Temperaturen bestimmten Dampfdichten überein und zeigen, dass man das Molecül beider Körper als aus je 4 Atomen zusammengesetzt zu betrachten hat. Der Schwefel zeigt bei 860° und 1040° die normale [2]) Dampfdichte, bei den zunächst über dem Siedepunkt gelegenen Temperaturen das Dreifache [3]) derselben; bei steigender Temperatur zeigt sich eine allmälige Abnahme [4]) der Dichte.

Bineau, Ann. d. Chem. u. Pharm. 1846, LX, 158 u. 159.

Playfair u. Wanklyn, Ann. d. Chem. u. Pharm. CXXII, 246 bis 248 (aus Transactions of the Royal Society of Edinburgh Vol. XXII, Part III, p. 441).

Horstmann, Ann. d. Chem. u. Pharm. 1868, Suppl. VI, 54.

Bezüglich der Ameisensäure:

Bineau, Ann. d. Chem. u. Pharm 1846, LX, 160.

Bezüglich der Buttersäure und des Anisöls:

Cahours, Ann. d. Chem. u. Pharm. 1845, LVI, 176 u. 177; Pogg. Ann. 1845, LXV, 422 u. 423 (aus Compt. rend. XX, 51).

[1]) Vgl. Playfair und Wanklyn a. a. O.

[2]) Vgl. H. Sainte-Claire, Deville und L. Troost, Jahresber. für Chemie f. 1859, 25; Ann. d. Chem. u. Pharm. CXIII, 44 (aus Compt. rend. XLIX, 239); Jahresber. für Chemie f. 1863, 17; Ann. d. Chem. u. Pharm. CXXVII, 278; Chem. Centralbl. 1863, 535 (aus Compt. rend. LVI, 891). Für niedere Temperaturen hat auch E. Mitscherlich, Ann. d. Chem. u. Pharm. 1834, XII, 161 u. 162, Bestimmungen der Dampfdichte des Phosphors und Arsens ausgeführt. Auch Dumas hat die Dichte des Phosphordampfs bei 500° bestimmt.

[3]) Vgl. E. Mitscherlich, Ann. d. Chem. u. Pharm. 1834, XII, 160.

[4]) Vgl. Bineau, Ann. d. Chem. u. Pharm. 1860, CXIV, 384 (aus Compt. rend. XLIX, 799); Jahresber. für Chemie f. 1859, 27. Auch auf Bestimmungen von Dumas nimmt Bineau Bezug.

Dissociation von Flüssigkeiten und festen Körpern.

Die seitherigen Betrachtungen über Dissociation beziehen sich in erster Linie auf gasförmige Körper. Ihre Ergebnisse haben aber mit naheliegenden Abänderungen auch für Flüssigkeiten Geltung., da diese hinsichtlich der Zersetzung ihrer Bestandtheile ähnliche Verhältnisse bieten wie die Gase. Mit der früher S. 24 geschilderten Molecularbewegung bei Flüssigkeiten hängt nothwendig zusammen ein fortwährendes Zusammenstossen der Molecüle und somit auch die Bewegung der Molecülbestandtheile innerhalb der Molecüle, sowie die Verschiedenartigkeit der in einem bestimmten Augenblick stattfindenden Bewegungszustände verschiedener Molecüle und der Bestandtheile verschiedener Molecüle. Aus gleichen Gründen wie bei den Gasen wird bei gleichbleibender Mitteltemperatur die Gesammtsumme der lebendigen Kräfte der Molecular- und Atombewegungen unveränderlich sein und nebenbei wird die Summe der lebendigen Kräfte der Bewegungen der Molecüle zur Summe der lebendigen Kräfte der Bewegungen ihrer Bestandtheile innerhalb der Molecüle in einem bei jeder (Mittel-) Temperatur constanten Verhältnisse stehen. Diese Summen sind aber ebenfalls sehr ungleich auf die einzelnen Molecüle vertheilt, d. h. sowohl die Molecültemperaturen wie die Atomtemperaturen sind für verschiedene Molecüle verschieden, wie diess für Gase S. 52 u. 53 näher erörtert wurde. Es wird mithin auch bei Flüssigkeiten jeder Temperatur ein gewisses Gleichgewichtsverhältniss zwischen den Zersetzungsproducten und den einzelnen Körpern entsprechen, deren ausschliessliches Vorhandensein man gewöhnlich annimmt. Ausser solchen Zersetzungsproducten können die Flüssigkeiten auch Umsetzungsproducte in sich schliessen, wie später erörtert werden wird. Das Bestehen einer merklichen Menge von Zersetzungsproducten setzt voraus, dass die Flüssigkeit in ihrer Mitteltemperatur die Temperatur des Beginns der Dissociation erreicht oder überschritten hat.

Beispielsweise kommt dem Molecül der Untersalpetersäure, wie S. 64 gezeigt wurde, unterhalb 58^0 die Zusammensetzung $N_2 O_4$ zu. Steigt dessen Atomtemperatur über 58^0, so zerfällt es in zwei Molecüle NO_2. Da aber in Gasform nach der Tabelle auf S. 63 bei etwa 27^0 ungefähr 20 Procente der Untersalpetersäure in dieser Weise gespalten sind, so darf man kaum daran zweifeln, dass auch in der flüssigen bei 27^0 siedenden Untersalpetersäure bei gewöhnlicher Temperatur ein beträchtlicher Bruchtheil von Molecülen NO_2 vorhanden ist. Es deutet hierauf auch das Verhalten der flüssigen Untersalpetersäure hinsichtlich ihrer Färbung bei verschiedenen Temperaturen hin. Nach S. 64 angeführten Versuchen ist wenigstens in Dampfform $N_2 O_4$ farblos, NO_2 gefärbt. Beim allmäligen Sinken der Mitteltemperatur, durch welches der Bruchtheil der 58^0 in ihren Atomtemperaturen überschreitenden Molecüle

und folglich die Bedingung für das Bestehen von Molecülen NO_2 fortwährend rasch vermindert wird, nimmt die bei gewöhnlicher Temperatur
dunkelgelbe Färbung der flüssigen Untersalpetersäure an Intensität fortwährend ab, bis die Flüssigkeit fast farblos wird und endlich zu farblosen
Krystallen erstarrt; sie verhält sich also ganz analog wie ihr Dampf.

Weitere Belege für die auch in Flüssigkeiten bei (Mittel-) Temperaturen unterhalb der Zersetzungstemperatur vorgehenden Zersetzungen
liefern folgende durch neuere Untersuchungen [1]) festgestellte Thatsachen:
Aus einer Lösung von zweifach kohlensaurem Kalk oder Baryt treibt ein
Strom irgend eines indifferenten Gases — wie Stickstoff, Wasserstoff oder
Luft — Kohlensäure aus und fällt die neutralen Salze. Eine Lösung von
zweifach kohlensaurem Kali, welches sich in Krystallform bei gewöhnlicher Temperatur nicht zu zersetzen scheint, gibt beim Durchleiten eines
Luftstromes wachsende Mengen von Kohlensäure ab. Ebenso entwickeln
die Sulfhydrate der Alkalien Schwefelwasserstoff unter dem Einflusse des
Stromes eines indifferenten Gases.

Der Umstand, dass eine Flüssigkeit nicht allein denjenigen oder
diejenigen Körper, welche sie nach seitherigen Vorstellungen ausschliesslich zusammensetzen sollen, sondern auch deren Zersetzungs- und Umsetzungsproducte je nach gegebenen Verhältnissen in mehr oder weniger
beträchtlichen Mengen enthalten kann, beeinflusst natürlich auch die physikalischen Eigenschaften der Flüssigkeiten. So also bedingt der
grössere oder geringere Gehalt der flüssigen Untersalpetersäure an Molecülen NO_2 die Färbung derselben und wird weiterhin auch Dichte und
andere physikalische Eigenschaften derselben beeinflussen [2]).

Auch an einem festen Körper, welcher beim Erhitzen ohne zu
schmelzen ein festes und ein flüchtiges Zersetzungsproduct liefern kann,
ist die Erscheinung einer theilweisen mit steigender Temperatur zunehmenden Zersetzung genauer beobachtet worden. Es spaltet sich der kohlensaure Kalk [3]) bei 860° bis die entwickelte Kohlensäure einen Druck

---

[1]) Von D. Gernez, Jahresber. für Chemie f. 1867, 86; Compt. rend. LXIV, 606,
Chem. Centralbl. 1868, 31.

[2]) Bezüglich des eben berührten Gegenstandes machte mir Hr. Prof. Pfaundler
in Innsbruck im December 1868 die briefliche Mittheilung, dass er sich seither mit der
Dissociation von Flüssigkeiten abgegeben und den Lösungen und Mischungen, überhaupt jener
Classe von Körpern, die man mit dem Namen „chemische Verbindungen nach unbe-
stimmten Verhältnissen" bezeichnet, ein tieferes Studium gewidmet habe. Er sei zu dem
Ergebnisse gekommen, dass die Dissociation die Gesetzmässigkeiten störe, welche solche
Verbindungen in ihrer theoretisch gedachten Zusammensetzung in Beziehung auf verschiedene physikalische Eigenschaften, wie Dichte, specifische Wärme, Brechungsver-
mögen, Ausflussgeschwindigkeit, Spannkraft der Dämpfe u. s. w., zeigen würden; dass
dieselbe so zu sagen die Ecken und Uebergangspunkte der einzelnen Curven abrunde,
welche den Verlauf jener physikalischen Constanten darstellen und so die genaueren Gesetze zu angenäherten mache.

[3]) Nach Versuchen von H. Debray, Jahresber. für Chemie f. 1867, 85; Compt.
rend. LXIV, 603; wobei die Erhitzung im luftleeren Raume vorgenommen wurde.

von etwa 85 Millim. Quecksilberhöhe ausübt. Nach jeder Wegnahme von Kohlensäure erfolgt neue Zersetzung bis der Druck wieder auf 85 Millim. gestiegen ist. Bei 1040⁰ hört die Zersetzung erst auf, wenn der Kohlensäuredruck 510 bis 520 Millim. beträgt. Bei derselben Temperatur wurde keine Veränderung der Kalkspathkrystalle wahrgenommen, wenn Kohlensäure von dem Drucke einer Atmosphäre über dieselben geleitet wurde. Man muss aus diesen Versuchen schliessen, dass auch für den kohlensauren Kalk (und wohl auch für die anderen festen Körper) bei einer bestimmten (Mittel-) Temperatur die Atomtemperaturen verschiedener Molecüle verschieden sind. Ueberschreiten dieselben für einen merklichen Theil der Molecüle die Zersetzungstemperatur, so muss deren Spaltung eintreten. Die hierdurch freiwerdende Kohlensäure nimmt im geschlossenen Raume so lange zu, bis die Zahl der Kohlensäuremolecüle, welche beim Anstossen an Kalk in Folge erniedrigter Bewegungszustände sich mit diesem wieder vereinigen, der Anzahl der in derselben Zeit von kohlensaurem Kalk sich lostrennenden gleichkommt. Wird dieses bewegliche Gleichgewicht durch Wegnahme von Kohlensäure gestört, so sucht es sich durch weitergehende Zersetzung wieder herzustellen. Wird aber der Wiedereintritt eines Gleichgewichtszustandes durch andauerndes Fortführen von Kohlensäure etwa durch einen Luftstrom verhindert, so findet allmälig vollständige Zersetzung statt, wie diess schon längst bekannt ist. Andererseits hat die Erfahrung ebenfalls bestätigt, dass ohne Entfernung der Kohlensäure die Zersetzung nicht vollendet werden kann. Da bei höherer Temperatur der Bruchtheil der die Zersetzungstemperatur in ihren Atomtemperaturen überschreitenden Molecüle grösser sein muss, so erklärt sich hieraus einmal die mit der Temperatur in geschlossenem Raum wachsende Zersetzung und zum Anderen die raschere Vollendung derselben durch Entfernung der Kohlensäure.

Atomverbindungen und Molecülverbindungen.

Die Chemie unterscheidet zweierlei Arten von Verbindungen, die Atomverbindungen und die Molecülverbindungen. Die Atomverbindungen sind solche chemische Verbindungen, in welchen die elementaren Atome vermöge der zwischen ihnen bestehenden Anziehung in Verhältnissen zusammengehalten werden, welche von dem Umfang dieser Anziehung, d. h. von der Werthigkeit der elementaren Atome abhängen. Da einem einfachen oder zusammengesetzten Atom stets eine bestimmte Anzahl von Verwandtschaftseinheiten zukommt, die durch andere Atome alle oder zum Theil gesättigt werden, so können die Atomverbindungen stets nur Verbindungen nach festen Verhältnissen sein. So ist das Wasser, H_2O, eine Atomverbindung, in welcher die zwei Verwandtschaftseinheiten eines Sauerstoffatoms durch die Verwandtschaftseinheiten zweier einwerthigen Wasserstoffatome gesättigt sind. In der Atomverbindung Stickoxyd, NO, sind von den drei Verwandtschaftseinheiten des Stickstoffs nur zwei durch ein zweiwerthiges Atom Sauerstoff gesättigt. Das Aethylchlorid, C_2H_5Cl, ist eine Atomverbindung, in welcher die dem Kohlenstoff entstammende Verwandtschaftseinheit des Atoms Aethyl, C_2H_5, durch ein Atom des einwerthigen Chlors neutralisirt wird. Sauerstoff und Wasserstoff sind Atomverbindungen, in welchen je zwei gleichartige Atome ihre chemische Verwandtschaft wechselseitig neutralisiren. Die Betrachtung der Zusammensetzung von Atomverbindungen kann sich stets auf ein einziges Molecül beschränken.

In den Molecülverbindungen nach festen Verhältnissen ist eine gewisse Zahl gleichartiger oder ungleichartiger Moleküle zu einem zusammengesetzteren Molecül vereinigt. Und zwar gründet sich diese Vereinigung nicht auf in letzter Linie den elementaren Atomen entstammende einzelne Verwandtschaftseinheiten, sondern auf die wechselseitigen Gesammtanziehungen, welche die einzelnen Moleküle als solche auf einander ausüben. Die Gesammtanziehung eines Moleküls ist hierbei aufzufassen als die Resultirende der von den einzelnen es zusammensetzenden Atomen ausgeübten Anziehungen. So ist das Chlorbariumhydrat, $BaCl_2 + 2H_2O$, eine Verbindung von einem Molecül Chlorbarium, welches keine freien Verwandtschaftseinheiten der es zusammensetzenden Atome mehr bietet, und von zwei Molecülen Wasser, für deren jedes dasselbe der Fall ist. Solchen Molecülverbindungen kommt, wenigstens in vielen Fällen, die Fähigkeit zu, auch in Lösungen fortzubestehen, wofür in dem die Theorie der Lösungen behandelnden Abschnitt mehrere Belege sich vorfinden. In den Krystallen eines Körpers ist vermuthlich eine grössere Zahl chemischer Moleküle zu einer in sich enger geschlossenen Molekülgruppe, zu einem Krystallmolecül vereinigt. Ueberhaupt ist es wahrscheinlich, dass man im festen und flüssigen Körperzustande, wenigstens häufig, enger zusammengehaltene Gruppen der in Gasform einzeln für sich bestehenden und sich bewegenden Moleküle vor sich hat. Es weist hierauf schon das eben angeführte Fortbestehen von Molecülverbindungen in Lösungen hin.

Molecülverbindungen nach veränderlichen Verhältnissen entstehen, indem sich gleichartige oder ungleichartige Moleküle in Folge ihres Bewegungszustandes und meistens unter Mitwirkung der zwischen ihnen bestehenden Anziehungen gleichmässig in gewissen von den gegebenen Umständen abhängigen mittleren Entfernungen vertheilen. Alle Verbindungen nach veränderlichen Verhältnissen sind Molecülverbindungen. Es gehören hierher die Lösungen, Mischungen, Absorptionen. Eine Lösung von Salz in Wasser, eine Mischung von Alkohol und Wasser, eine Absorption von Kohlensäure in Wasser sind

Molecülverbindungen nach veränderlichen Verhältnissen. Wie eine
Mischung von Alkohol und Wasser ist folgerichtig auch eine Mischung
von Wasser und Wasser, überhaupt jeder Einzelkörper, insofern er immer
als ein Aggregat von Molecülen erscheint, als Molecülverbindung zu betrachten. Es erstreckt sich diess auch auf die gasförmigen Körper, da
bei allen unvollkommenen Gasen die mittlere Entfernung der Molecüle,
welche unter alleinigem Einflusse des Bewegungszustandes der Molecüle
bei gegebenen äusseren Umständen sich herstellen würde, durch die Molecularanziehung verringert wird. Der vollkommene Gaszustand stellt
dann den Grenzzustand dar, für welchen die Wirkung der Molecularanziehung verschwindend klein geworden ist.

Die Betrachtung der Zusammensetzung von Verbindungen nach
festen Verhältnissen, seien sie Atomverbindungen oder Molecülverbindungen, kann sich stets auf ein einziges Molecül der betreffenden Verbindung
beschränken. Bei Verbindungen nach veränderlichen Verhältnissen kann
von einer die Verbindung bezeichnenden kleinsten Menge nicht die Rede
sein. Oder mit anderen Worten: man kann von einem Molecül einer
Verbindung nach festen Verhältnissen, von einem Molecül Salzsäure, HCl,
von einem Molecül Chlorbariumhydrat, $BaCl_2 + 2H_2O$, sprechen, aber
nicht von einem Molecül einer Mischung von Alkohol und Wasser und
dergleichen.

Die Verbindungen nach festen Verhältnissen scheiden sich
in Atomverbindungen einerseits und Molecülverbindungen
andererseits dadurch, dass bei ersteren die den einzelnen elementaren
Atomen zukommenden, wahrscheinlich durch die Form derselben bedingten, Verwandtschaftseinheiten in Mitwirkung kommen, während bei den
letzteren nur die Gesammtanziehungen, welche die als Molecüle zu betrachtenden Körpertheilchen ausüben, und nicht die einzelnen Verwandtschaftseinheiten der dieselben zusammensetzenden elementaren Atome in
Wirksamkeit kommen.

Der Unterschied zwischen Atom- und Molecülverbindungen wird dadurch nicht verwischt, dass elementare Atome, wie z. B. das Quecksilber-
atom, Hg, oder freie Verwandtschaftseinheiten bietende Atomgruppen, wie
z. B. das Atom der Untersalpetersäure, NO_2 (vgl. S. 64), auch als Molecüle auftreten können. Sobald bei Verbindungen von freie Verwandtschaftseinheiten bietenden Atomen oder Atomgruppen diese freien Einheiten nicht in Anspruch genommen werden, befinden sich diese Atome
oder Atomgruppen in einer Molecülverbindung. Im gegentheiligen Falle
befinden sich dieselben mit den die Sättigung der Verwandtschaftseinheiten bewirkenden einfachen oder zusammengesetzten Atomen in einer
Atomverbindung. So besteht der Dampf der Untersalpetersäure bei gewöhnlicher Temperatur und bis zu 150° theilweise aus Molecülen N_2O_4,
theilweise aus Molecülen NO_2. Da man aber annimmt, dass in dem Molecül N_2O_4 die Verwandtschaftseinheiten der beiden es zusammensetzenden
Atomgruppen NO_2 und NO_2 sich gegenseitig sättigen, so betrachtet man

die Atomgruppe N_2O_4 als eine Atomverbindung und nicht als eine Molecülverbindung, wenngleich die dieselbe zusammensetzenden Bestandtheile
auch als Molecüle, d. h. in freiem Zustande für sich vorkommen. Andererseits betrachtet man gestützt auf chemisches Verhalten das Chlorwasserstoff-Amylen, $C_5H_{10} + HCl$, als Molecülverbindung gegenüber der
isomeren Atomverbindung Amylchlorid, $C_5H_{11}Cl$. Für letztere Verbindung sind die beiden, dem Kohlenstoff entstammenden Verwandtschaftseinheiten, welche die Atomgruppe C_5H_{10} noch bietet, durch die beiden
Verwandtschaftseinheiten eines Atoms Wasserstoff und eines Atoms Chlor
neutralisirt; in dem Chlorwasserstoff-Amylen ist die Atomgruppe C_5H_{10}
mit einem Molecül Salzsäure, HCl, durch die zwischen diesen beiden Molecülen als solchen herrschende Anziehung zusammengehalten. In ähnlicher
Beziehung stehen die Atomverbindung Amylalkohol, $C_5H_{12}O$, und die Molecülverbindung Amylenhydrat, $C_5H_{10} + H_2O$.

Unterschiede in dem Verhalten von Molecül- und Atomverbindungen
werden im Verlauf der folgenden Capitel, besonders in dem die Lösungen
betreffenden, deutlich hervortreten, ohne dass es nöthig sein wird, überall
ausdrücklich auf dieselben aufmerksam zu machen.

Bedeutung der über Wärmewirkungen bei chemischen Vorgängen gewonnenen Beobachtungswerthe.

Ueber die Wärmewirkungen bei chemischen Vorgängen haben hauptsächlich P. A. Favre und J. T. Silbermann [1]), und Favre [2]) allein zahlreiche Beobachtungen angestellt. In Folgendem soll die Bedeutung der
von diesen Forschern für die Wärmeentwickelung bei chemischen Umsetzungen erlangten Zahlenwerthe erläutert werden.

Wenn man einen Körper erwärmt, so wird im Allgemeinen ein
Theil der zugeführten Wärme zu Temperaturerhöhung, d. h. zur
Vermehrung der lebendigen Kraft der Bewegungen der Bestandtheile, der
Molecüle und Atome des betreffenden Körpers verwandt; ein zweiter Theil
dient zu innerer Arbeit, d. h. zur theilweisen oder völligen Ueberwindung der gegenseitigen Anziehung der Molecüle; ein dritter Theil wird
in äussere Arbeit umgesetzt, d. h. er überwindet die der Volumver-

---

[1]) Ann. chim. phys. 1852 (3) XXXIV, 357 bis 450; XXXVI, 5 bis 47; 1853 (3)
XXXVII, 406 bis 508; Jahresber. für Chemie f. 1852, 17; f. 1853, 10; Ann. d. Chem.
u. Pharm. 1853, LXXXVIII, 149 bis 170.

[2]) Im Ausz. Jahresber. für Chemie f. 1853, 22; Ann. d. Chem. u. Pharm. 1853,
LXXXVIII, 170.

grösserung von Aussen her entgegenwirkenden Druckkräfte. Diese drei verschiedenen Verrichtungen der einem Körper zugeführten Wärme, Temperaturerhöhung, innere Arbeit und äussere Arbeit, sind nicht nothwendig immer mit einander verbunden. Steht der Volumvergrösserung kein Druck von Aussen her entgegen, oder wird derselbe nicht überwunden wie bei einem von unbeweglichen Wänden eingeschlossenen Gase, so wird für äussere Arbeit keine Wärme verbraucht. Ebenso wird für innere Arbeit keine Wärme erfordert beim Erwärmen vollkommener Gase, da bei diesen die wechselseitige Anziehung der Molecüle verschwindend klein ist. Erwärmt man demnach ein vollkommenes Gas bei constantem Volum, so findet weder für innere noch für äussere Arbeit ein Wärmeverbrauch statt, sondern sämmtliche zugeführte Wärme dient zur Temperaturerhöhung [1]).

Von den zu Temperaturerhöhung, zu innerer Arbeit und zu äusserer Arbeit aufgewandten Wärmeantheilen sind die beiden ersteren in dem erwärmten Körper wirklich noch enthalten. Dieselben können, indem die lebendige Kraft der Bewegungen der Bestandtheile wieder auf ihr ursprüngliches Maass verringert wird und die Molecüle wieder in ihre ursprünglichen mittleren Entfernungen zurückkehren, aus dem betreffenden Körper wieder gewonnen werden. Geht man nun bei der Betrachtung der Erwärmung vom absoluten Nullpunkt aus — d. h. von der Temperatur, bei welcher die Körperbestandtheile sich in Ruhe und zugleich in derjenigen Entfernung befinden, für welche Anziehung und Abstossung sich im Gleichgewicht halten — für welchen der Wärmeinhalt gleich Null ist, und denkt man sich den betreffenden Körper bis zu einer bestimmten Temperatur erwärmt, so stellt die hierbei für die Erzeugung der lebendigen Kraft der Bewegung und für die Trennung der Körperbestandtheile, d. h. für Temperaturerhöhung und innere Arbeit aufgewandte Wärme den Gesammtwärmeinhalt des Körpers bei der betreffenden Temperatur dar. Der Gesammtwärmeinhalt eines Körpers ist also die vom absoluten Nullpunkt an zugeführte Wärme, soweit dieselbe nicht zur Vollbringung äusserer Arbeit gedient hat. Man bezeichnet diese in einem Körper enthaltene Gesammtwärmemenge als die mechanische Energie [2]), als den Energieinhalt des Körpers bei der ihm zukommenden Temperatur unter gegebenem, den mittleren Abstand der Molecüle bestimmendem Volum.

Es bezeichne nun E' die Summe der Energieinhalte vor irgend welchen stattfindenden Umwandlungen gegebener Körper, wobei die Leistung äusserer Arbeit ausgeschlossen sein soll. Ferner bezeichne E''

---

[1]) Vgl. bezüglich eines möglichen Einwurfs hinsichtlich der bei Temperaturerhöhung denkbaren allmäligen Ueberwindung der Anziehung der Atome innerhalb des Molecüls das S. 40 Erörterte.

[2]) Vgl. Jahresber. für Chemie f. 1864, 84; auch Clausius, Pogg. Ann. CXXV, 355, Anmerkung.

die Summe der Energie der aus diesen Umwandlungen hervorgegangenen Körper unter den neuen Verhältnissen. Es drückt dann die Differenz $E' - E''$ die durch die betreffenden Umwandlungen erfolgte Gesammt-wärmeentwickelung aus. Würde während der Umwandlungen anderen Körpern weder Wärme zugeführt noch entzogen, so wäre $E' - E'' = 0$; würde dabei Wärme nach Aussen hin abgegeben, so wäre $E' - E''$ positiv; würde Wärme von Aussen her aufgenommen, so wäre $E' - E''$ negativ. Da nach Voraussetzung äussere Arbeit weder geleistet noch verbraucht wird, so ist die Grösse dieser Energiedifferenz nach S. 54 nur bedingt durch die Anfangszustände und die Endzustände der vor und nach den Umwandlungen vorhandenen Körper, sie ist unabhängig von der Art des Verlaufs dieser Umwandlungen, also z. B. unabhängig von der Reihenfolge, in welcher, und den Temperaturen, bei welchen dieselben sich vollzogen.

Favre und Silbermann verfuhren nun bei ihren Untersuchungen in der Weise, dass sie mit Hilfe nachher zu erwähnender Vorrichtungen, welche die Vernachlässigung des geringen Betrags nicht auszuschliessender äusserer Arbeit gestatteten, die Umwandlungen der unter bekannten Verhältnissen gegebenen Körper einleiteten, die Umwandlungsprodukte auf die Anfangstemperatur brachten und durch ein Calorimeter die dabei stattgefundene Wärmeentwickelung bestimmten. Die Anfangs- und Endtemperaturen wurden in nahe Uebereinstimmung mit der Temperatur der umgebenden Luft gebracht. Die unter diesen Umständen erfolgte Wärmeentwickelung gibt mithin die Energiedifferenz der vor und der nach den Umwandlungen vorhandenen Körper bei gewöhnlicher Temperatur.

Diese Energiedifferenz der vor und der nach einer chemischen Umwandlung bei derselben Temperatur gegebenen Körper, der sich umsetzenden Körper und der Umsetzungsprodukte von gleicher Temperatur, stellt nun im Allgemeinen die Summe der Wirkungen verschiedener und verschiedenartiger Ursachen dar, deren Untersuchung die nächsten Capitel bezwecken.

Verschiedene Ursachen der Wärmeentwickelung bei chemischen Vorgängen.

Auf die Wärmeentwickelung bei chemischen Vorgängen können, im Besonderen auch unter den Umständen, unter welchen dieselbe z. B. von Favre und Silbermann beobachtet wurde, Einfluss üben: a) äussere

Arbeit; b) die molecularen Zustände [1]) der vor und nach der Umsetzung
vorhandenen Körper; c) die gegenseitige Anziehung von Atomen; d) die
Aenderung der Molecülzahl; e) die gegenseitige Anziehung von Molecülen.

Streng genommen sollten nach dem aus S. 79 u. 80 sich ergebenden
Begriff der Molecülverbindungen b) und e) zusammenfallen. Aus Zweck-
mässigkeitsgründen soll jedoch der Einfluss der nach seitherigem Ge-
brauche als verschiedene physikalische oder moleculare Zustände desselben
Körpers bezeichneten verschiedenen Verbindungsweisen oder Anordnungs-
verhältnisse desselben chemischen Grundmolecüls unter b) gesondert betrachtet werden von dem unter e) zu erörternden Einfluss der Molecularanziehung, insofern der letztere zur Bildung von seither im Besonderen
als chemische Verbindungen bezeichneten Molecülgruppirungen Veranlassung gibt.

Im Folgenden werden die vorstehend aufgeführten bedingenden Umstände der Wärmeentwickelung bei chemischen Vorgängen einzeln erörtert. Dabei soll der Wärmeentwickelung sowohl positive als
negative Bedeutung zukommen können, je nachdem eine Wärmeentbindung oder eine Wärmebindung den zu betrachtenden Einflüssen
entstammt.

a) Einfluss äusserer Arbeit auf die Wärmeentwickelung bei chemischen Vorgängen.

*Wird während eines chemischen Vorgangs zugleich äussere Arbeit
geleistet oder verbraucht, so wird die ohnehin stattfindende Wärmeentwickelung um den gemäss S. 19 in Wärmeeinheiten auszudrückenden Betrag
dieser Arbeit verringert oder vermehrt.* Wenn in der einen Hinsicht z. B.

---

[1]) Der moleculare Zustand eines Körpers ist bedingt: einmal durch den Bewegungszustand seiner Bestandtheile, also durch seine Temperatur, und zum Anderen durch die relative Mittellage, die räumliche Anordnung derselben, wofür man
auch seine Disgregation setzen kann. Als Disgregation bezeichnet nämlich Clausius (über den zweiten Hauptsatz der mechanischen Wärmetheorie, ein Vortrag, Braunschweig 1867, 4; auch Pogg. Ann. 1862, CXVI, 79 und Abhandlungen über die mechanische Wärmetheorie, I, 246) die Grösse, welche angibt, wie weit bei einem Körper
die von der Wärme angestrebte Trennung und Entfernung seiner kleinsten Bestandtheile,
die Lockerung des Zusammenhangs derselben schon vollzogen ist. Die Disgregation eines
Körpers ist mithin unter den drei Aggregatzuständen im festen Zustande am kleinsten,
im flüssigen grösser und im gasförmigen am grössten. In letzterem Zustande kann sie
noch dadurch zunehmen, dass die Molecüle sich weiter von einander entfernen, also das
Gas sich weiter ausdehnt. Indem die Wärme die Disgregation eines Körpers zu vermehren sucht, findet, wie auch schon aus früheren Erörterungen über specifische Wärme
hervorgeht, bei der Disgregationsvermehrung eine Verwandlung von Wärme in Arbeit,
bei der Disgregationsverminderung eine Verwandlung von Arbeit in Wärme statt. Weil
nun diese Arbeit, mit alleiniger Ausnahme der vollkommenen Gase, stets auch innere
Arbeit in sich begreift, so ist die Disgregationsänderung eines Körpers auch mit einer
Aenderung seines als Energie bezeichneten Wärmeinhalts verknüpft, veranlasst also, dass

bei einer unter Explosion stattfindenden Umsetzung äussere mechanische Wirkungen hervorgebracht werden, so wird hierdurch die sonst stattfindende Wärmeentwickelung um den dieser geleisteten Arbeit entsprechenden Wärmebetrag vermindert. Wenn in der anderen Hinsicht, z. B. in einem Gefäss mit beweglichen Wänden sich zwei Gase unter Volumverminderung umsetzen und durch den jetzt überwiegenden äusseren Luftdruck die Gefässwände einander genähert werden, so wird hierdurch die sonst stattfindende Wärmeentwickelung um den dieser verbrauchten äusseren Arbeit entsprechenden Wärmebetrag vermehrt.

Sind vor oder nach, oder sowohl vor als auch nach der chemischen Umsetzung gasförmige Körper vorhanden, so kann, wie obige zwei Beispiele andeuten, je nach den Bedingungen, unter welchen die Umsetzung stattfindet, der Einfluss der äusseren Arbeit sehr bedeutend sein. Für derartige chemische Vorgänge nun haben Favre und Silbermann [1] ein in ein Wassercalorimeter tauchendes Gefäss von vergoldetem Messingblech benutzt, welches die Zuleitung der bei der Umsetzung betheiligten Gase und die Ableitung gasförmiger Umsetzungsproducte gestattete. Die letzteren mussten innerhalb des Calorimeters ein schraubenförmig gewundenes Rohr von dünnem Kupferblech durchströmen, um vollständig die Temperatur des Calorimeterwassers anzunehmen. Bei dieser Vorrichtung wird dadurch, dass zugeleitete Gase mit einer gewissen, wenn auch geringen Geschwindigkeit einströmen, eine der lebendigen Kraft der einströmenden Gasmassen entsprechende Wärmemenge erzeugt, um welche die durch chemische Umsetzung bedingte Wärmeentwickelung vermehrt wird. Dadurch, dass gebildete Gase mit einer gewissen Geschwindigkeit das Umsetzungsgefäss verlassen, wird eine der lebendigen Kraft der wegströmenden Gasmassen entsprechende Wärmemenge verbraucht, um welche die ohnediess stattfindende Wärmeentwickelung verringert wird. Bei den angestellten Versuchen sind diese beiden auf Rechnung äusserer Arbeit kommenden Wärmewirkungen, welche zudem einander entgegengesetzt sind, wegen ihrer Geringfügigkeit im Vergleich zu den unvermeidlichen Versuchsfehlern vernachlässigt worden. Gleichfalls ist der geringe Einfluss der äusseren Arbeit vernachlässigt worden für die Wärmewirkungen bei der Auflösung gasförmiger Säuren und Basen in Wasser. Es vollzog

---

derselbe Körper unter sonst gleichen Verhältnissen eine grössere oder geringere Wärmewirkung hervorbringen kann. Insoweit bei der Disgregationsänderung eine intramoleculare Arbeit nicht in Betracht kommt oder vernachlässigt werden darf, wie früher S. 40 erörtert wurde, hängt die von ihr bedingte Aenderung der Energie eines Körpers allein von der Anordnungsänderung seiner Molecüle ab. In diesem Sinne darf und soll hier Disgregation für Anordnung der Molecüle gebraucht werden.

[1] Ann. chim. phys. 1852 (3), XXXIV, 359, wo dieselben ihr Verfahren und den durch Abbildungen erläuterten Apparat ausführlich beschrieben haben. Kurze Beschreibungen geben: Jahresber. für Chemie f. 1852, 17; Ann. d. Chem. u. Pharm. LXXXVIII, 150; Kopp, theoretische Chemie 1863, S. 230, wo sich auch eine Abbildung des Apparats findet.

sich diese Auflösung in einer Glasröhre, welche in ein einfacheres, ein
grosses Thermometer darstellendes Calorimeter [1]) eintauchte. Hierdurch
schliesst also die beobachtete Wärmeentwickelung noch eine Wärmemenge
in sich, welche der lebendigen Kraft der einströmenden Bewegung der
absorbirten Gasmengen entspricht.

Für die Ermittelung der Wärmewirkungen bei chemischen Vorgängen, welche ohne Gaszufuhr und Gasentwickelung statthaben, ist dasselbe
letzterwähnte thermometerartige Calorimeter benutzt worden, indem die
chemischen Vorgänge zwischen bekannten Mengen verschiedener Körper
sich in einem in dasselbe eintauchenden Rohre vollzogen. Die äussere
Arbeit ist hierbei unerheblich wie überhaupt bei Volumänderungen fester
und flüssiger Körper unter gewöhnlichen Verhältnissen.

b) Einfluss des molecularen Zustandes der vorkommenden
      Körper auf die Wärmeentwickelung bei chemischen
                        Vorgängen [2]).

In den von Favre und Silbermann beobachteten Wärmewirkungen bei chemischen Vorgängen, welche uns nach früheren Ausführungen
die Energiedifferenz E' — E'' der vor und der nach der Umsetzung vorhandenen Körper bei gewöhnlicher Temperatur geben, findet sich auch
eingeschlossen der Einfluss des molecularen Zustandes, d. h. des Disgre-
gationsgrades und der Temperatur der vor und nach der Umsetzung vorhandenen Körper, weil sowohl der Energieinhalt E' der sich umsetzenden
Körper als auch der Energieinhalt E'' der Umsetzungsproducte von dem
jeweiligen Molecularzustande der betreffenden Körper abhängig ist. *Jedesmal wenn Temperatur- und Disgregationsänderungen den Energieinhalt
der vor oder der nach der Umsetzung vorhandenen Körper um einen gewissen Betrag ändern, muss sich um den gleichen Werth auch die Energiedifferenz ändern.*

Bedeutenden Einfluss hat in dieser Hinsicht der Aggregatzustand.
So ist z. B. die Energiedifferenz bei 100⁰ zwischen Knallgas und dem aus
demselben hervorgehenden Wasser verschieden, je nachdem letzteres im
flüssigen oder im dampfförmigen Zustande vorhanden ist, und zwar in
letzterem Falle um den Betrag derjenigen Wärmemenge kleiner als im

---

[1]) Welches von Favre und Silbermann in seiner Einrichtung, Ann. chim. phys.
(3) XXXVI, 33, ausführlich beschrieben und abgebildet, und dessen Gebrauch für den
erwähnten besonderen Zweck noch Ann. chim. phys. (3) XXXVII, 410 näher erläutert
ist: Kurze Beschreibungen desselben geben: Jahresber. für Chemie· f. 1853, 11; Ann.
d. Chem. u. Pharm. LXXXVIII, 155;· Kopp, theoret. Chemie 1863, S. 232, wo sich
auch eine vereinfachte Abbildung befindet.

[2]) Vgl. Berthelot, Ann. chim. phys. 1865 (4), VI, 296 bis 328, wo dieser Ge-
genstand ausführlich behandelt ist, wenn auch nicht immer unter gerechtfertigten Voraussetzungen; im Ausz. Jahresber. für Chemie f. 1865, 48 bis 53.

ersteren, welche von Wasserdampf von 100° bei seinem Uebergange in flüssiges Wasser von 100° abgegeben wird.

Aber nicht allein der jeweilige Aggregatzustand, sondern überhaupt verschiedene Anordnung der Molecüle eines oder mehrerer der vor oder nach der Umsetzung vorhandenen Körper beeinflussen die Grösse der Energiedifferenz derselben Körper bei derselben Temperatur unter sonst gleichen Verhältnissen. So fällt die Energiedifferenz verschieden aus bei Anwendung verschiedener unter Wärmewirkungen in einander übergehender, d. h. verschiedenen Energieinhalt besitzenden Modificationen desselben Körpers. Bei dem Uebergang des Schwefels aus der monoklinischen in die rhombische Krystallform wird Wärme frei [1]). Es besitzt also der monoklinische Schwefel einen grösseren Energieinhalt als der rhombische. Dem entsprechend hat die von Favre und Silbermann [2]) beobachtete Energiedifferenz bei gewöhnlicher Temperatur zwischen einem Gewichtstheil Schwefel und den daraus hervorgehenden Verbrennungsproducten für monoklinischen Schwefel einen höheren Betrag als für rhombischen Schwefel.

In gleicher Weise muss sich ferner bei derselben chemischen Umsetzung eine verschiedene Energiedifferenz ergeben bei Anwendung eines unvollkommenen Gases in verschiedenen Graden der Verdünnung, weil zur Vergrösserung der mittleren Entfernung der sich anziehenden Molecüle Arbeit aufzuwenden, beziehungsweise Wärme zuzuführen ist, mithin der Energieinhalt des verdünnten Gases denjenigen des dichteren übertrifft.

In den erwähnten und ähnlichen Fällen leitet sich für bestimmte Molecularzustände der vor und nach einer chemischen Umsetzung vorhandenen Körper aus der beobachteten Energiedifferenz diejenige leicht ab, welche anderen Molecularanordnungen unter sonst gleichen Verhältnissen entspricht, wenn der Unterschied der Energieinhalte der Körper für die verschiedenen Molecularzustände bekannt ist. Eine solche Berechnung wurde an dem Beispiel der Umwandlung von Knallgas von 100° in flüssiges und in dampfförmiges Wasser von 100° bereits angedeutet.

Bei dieser Gelegenheit sei aber noch bemerkt, dass häufig gerade der Unterschied der Energie desselben Körpers für verschiedene moleculare Zustände unbekannt und durch directe Methoden schwer zu ermitteln ist. Man kann ihn dann bestimmen, indem man die beobachteten den verschiedenen molecularen Zuständen bei derselben chemischen Umsetzung zugehörigen Wärmewirkungen von einander abzählt. So wurden die Wärmewirkungen bei der Oxydation des Phosphors [3]) verschieden gefun-

[1]) Vgl. E. Mitscherlich, Pogg. Ann. LXXXVIII, 328; Jahresber. für Chemie f. 1852, 337; Kopp, theoret. Chemie 1863, S. 124.

[2]) Ann. chim. phys. (3) XXXIV, 447; Jahresber. für Chemie f. 1852, 22; Kopp, theoret. Chemie 1863, S. 236.

[3]) Favre, Jahresber. für Chemie f. 1853, 24; Ann. d. Chem. u. Pharm. LXXXVIII, 173; Kopp's theoret. Chemie 1863, S. 236.

den, je nachdem Phosphor in gewöhnlichem Zustande oder in amorpher Form als rother Phosphor angewandt wurde. Für die Bildung von einem Aequivalent in Wasser gelöster Phosphorsäure wurden bei der durch unterchlorige Säure bewirkten Verbrennung beobachtet: für gewöhnlichen Phosphor 209 476, für rothen Phosphor 181 230 Wärmeeinheiten. Der Unterschied von 28246 Wärmeeinheiten kommt auf Rechnung der Wärme, welche 31 Gewichtstheile rothen Phosphors bei dem Uebergang in die gewöhnliche Modification binden, er bezeichnet den Unterschied der Energieinhalte zwischen 31 Gewichtstheilen gewöhnlichem und 31 Gewichtstheilen rothem Phosphor bei gewöhnlicher Temperatur. Ebenso entwickeln 100 Gewichtstheile kohlensaurer Kalk [1]) mittelst verdünnter Salzsäure zersetzt als Kalkspath 4632 Wärmeeinheiten, als Arragonit 5952 Wärmeeinheiten. Die Energiedifferenz zwischen 100 Gewichtstheilen Arragonit und 100 Gewichtstheilen Kalkspath beträgt also 1320 Wärmeeinheiten, welche beim Uebergang von 100 Gewichtstheilen Arragonit in Kalkspath frei werden.

Da der Grad der Disgregation und die Bewegungszustände der Bestandtheile, somit die Energie desselben Körpers bei verschiedenen Temperaturen verschieden ist, so erhält man im Allgemeinen für dieselben Körper auch eine verschiedene Energiedifferenz, je nachdem man sie bei der einen oder bei der anderen Temperatur mit einander vergleicht. Es lässt sich der Molecularzustand eines Körpers als bedingt auffassen durch den Bewegungszustand seiner Bestandtheile, der Atome und Molecüle, und durch die mittlere Entfernung derselben; für nicht gasförmige Körper muss ausserdem auch die relative Lage der Molecüle in Betracht kommen. Die Folgen der in dieser Hinsicht möglichen Molecularverhältnisse, soweit sie Wärmeerscheinungen betreffen, geben sich aber kund in den specifischen Wärmen desselben Körpers in verschiedenen Aggregatzuständen und in demselben Aggregatzustand unter verschiedenen (Temperatur- und Druck-) Verhältnissen, ferner in der zur Ueberführung des einen Aggregatzustandes in den anderen erforderlichen Wärme, der sogenannten latenten Schmelz- und Verdampfungswärme.

Die Energiedifferenz gewisser durch chemische Umsetzung in einander übergehender Körper bei der Temperatur t^0 sei $Q_t = E'_t - E''_t$ (28), wo für die Temperatur t^0 E'_t die Summe der Energie der vor, E''_t die Summe der Energie der nach der chemischen Umsetzung vorhandenen Körper vorstelle. Es ist der Zusammenhang der Energiedifferenz Q_τ derselben Körper bei einer anderen Temperatur τ^0 mit derjenigen bei der Temperatur t^0 zu ermitteln. Bezeichnet für die Temperatur τ^0 E'_τ die Summe der Energieinhalte der vor, E''_τ diejenige der nach der Umsetzung vorhandenen Körper, so ist $Q_\tau = E'_\tau - E''_\tau$ (29). Um unter bestimmten Verhältnissen die vor der Umsetzung vorhandenen

---

[1]) Kopp's theoret. Chemie 1863, S. 249.

Körper von der Temperatur t^0 auf die Temperatur τ^0 zu bringen, seien U Wärmeeinheiten erforderlich. Es ist dann $E'_\tau = E''_t + U$. Um die nach der Umsetzung vorhandenen Körper gleichfalls von der Temperatur t^0 auf die Temperatur τ^0 zu bringen, seien V Wärmeeinheiten erforderlich. Es ist dann

$$E''_\tau = E''_t + V.$$

Folglich ist nach Gleichung (29)

$$Q_\tau = E'_t + U - (E''_t + V) = E'_t - E''_t + U - V.$$

Nach Gleichung (28) ist daher auch

$$Q_\tau = Q_t + U - V \text{ oder } Q_t = Q_\tau - U + V \quad \dots \quad (30)$$

U und V enthalten beziehungsweise für die vor und die nach der Umsetzung vorhandenen Körper die Wärmemengen, welche für eine Temperaturänderung von t^0 auf τ^0 unter den gegebenen Verhältnissen erfordert werden, sowohl in Folge der Wärmecapacitäten der betreffenden Körper, als auch in Folge etwaiger Aenderungen des Aggregatzustandes derselben.

Bedeuten t und τ verschiedene Temperaturen, bei welchen dieselbe chemische Umsetzung vor sich gehen kann, so stellt Gleichung (30) die Beziehung der bei diesen verschiedenen Umsetzungstemperaturen stattfindenden Wärmeentwickelungen dar.

Ein Beispiel mag die Anwendung der Gleichung (30) für Berechnung der Energiedifferenz chemisch identischer Körper bei verschiedenen Temperaturen näher erläutern.

Bei gewöhnlicher Temperatur (etwa 15^0 C.) und gewöhnlichem Druck haben Favre und Silbermann[1]) die Energiedifferenz Q_{15} zwischen 1 Gewichtstheil Wasserstoff und 8 Gewichtstheilen Sauerstoff einerseits und den hieraus durch chemische Umsetzung sich bildenden 9 Gewichtstheilen Wasser andererseits im Mittel von sechs Bestimmungen gefunden zu 34 462 Wärmeeinheiten. Wie gross ist die Energiedifferenz Q_{200} zwischen denselben Körpern unter gewöhnlichem Druck bei 200^0? Da die specifische Wärme des Wasserstoffs $= 3{,}409$, diejenige des Sauerstoffs $= 0{,}2175$ ist, so bedürfen für eine Temperaturerhöhung von 15^0 auf 200^0, also um 185^0:

1 Gewichtstheil Wasserstoff $= 185 \cdot 3{,}409 \qquad = 630{,}665$ Wärmeeinheiten.
8 „ Sauerstoff $= 185 \cdot 8 \cdot 0{,}2175 = 324{,}9$ „

Folglich ist $U = 955{,}565$ Wärmeeinheiten.

Da ferner die specifische Wärme des Wassers $= 1$, dessen Verdampfungswärme bei $100^0 = 536{,}5$, die specifische Wärme des Wasser-

[1]) Ann. chim. phys. (3) XXXIV, 399; Jahresber. für Chemie f. 1852, 18; Kopp's theoret. Chem. 1863, S. 233.

dampfs $= 0,4805$ [1]) ist, so bedürfen 9 Gewichtstheile Wasser von 15^0
bei dem Uebergang in Wasserdampf von 200^0:

Wärmeeinheiten.

Für die Erwärmung von 15^0 auf 100^0	$= 85.9.1$	$= 765$
Für den Uebergang aus Wasser von 100^0 in Dampf von 100^0 . . .	$= 9.536,5$	$= 4828,5$
Für die Erwärmung des Dampfs von 100^0 auf 200^0	$= 100.9.0,4805$	$= 432,45$

$$\text{Folglich ist} \quad V = 6025,95.$$

Es ist aber nach Gleichung (30)

$$Q_{200} = Q_{15} + U - V = 34462 + 955,565 - 6025,95$$
$$= 29391,6 \text{ Wärmeeinheiten.}$$

Würde die Umsetzung zwischen 1 Gewichtstheil Wasserstoff und 9
Gewichtstheilen Sauerstoff zu Wasser das eine mal bei 15^0, das andere
mal bei 200^0 bewerkstelligt werden, so würde die Wärmeentwickelung
ebenfalls im ersteren Falle 34 462, im letzteren 29 392 Wärmeeinheiten
betragen.

Es ergibt sich also für das angeführte Beispiel ein Unterschied der
den verschiedenen Temperaturen zugehörigen Energiedifferenzen von
5070 Wärmeeinheiten in Folge der bei diesen verschiedenen Temperaturen gleichfalls verschiedenen Molecularverhältnisse oder physikalischen
Zustände der sich umsetzenden Körper und der Umsetzungsproducte.

c) Wärmeentwickelung durch gegenseitige Anziehung der Atome.

Wenn die Atomverbindungen (vgl. S. 78) als die eigentlichen
chemischen Verbindungen betrachtet werden dürfen, so sind hinsichtlich der bei chemischen Umsetzungen stattfindenden Wärmeentwickelung
solche Zahlenwerthe von der grössten Bedeutung, welche sich nur auf die
durch Trennung und Vereinigung von Molecülbestandtheilen gebundene
und entbundene Wärme beziehen. Hierbei sind unter Molecülbestandtheilen elementare Atome oder Verwandtschaftseinheiten bietende Gruppen
solcher Atome zu verstehen. Die Erlangung solcher Werthe ist als ein
Hauptziel der Thermochemie anzusehen, weil dieselben einen Anhalt zur
Beurtheilung der zwischen den einfachen und zusammengesetzten Atomen
wirksamen Anziehung bieten.

Ueber die Wärmeentwickelung durch Anziehung der Atome kann
man sich nun nach den Anschauungen der mechanischen Wärmetheorie
folgende Vorstellungen machen. Man denke sich zwei Atome in diejenige

---

[1]) Nach zum Theil bis über 200^0 sich erstreckenden Beobachtungen von Regnault,
Mém. de l'acad. des sciences de l'instit. de France, 1862, t. XXVI, 178.

Entfernung von einander gebracht, in welcher die gegenseitige Anziehung zu wirken beginnt. Es werden dann die beiden Atome in Folge dieser wechselseitigen Anziehung auf einander losstürzen. Die Summe der hierdurch von den beiden Atomen gewonnenen lebendigen Kräfte gibt uns in ihrem Wärmewerth die durch die Anziehung der Atome bewirkte Wärmeentwickelung. Die einander genäherten Atome bleiben aber nicht an einander haften, sondern bewegen sich wieder rückwärts aus einander in der Weise, dass dieselben bei der Rückkunft auf der Grenze der Anziehung die durch das Aufeinanderlosstürzen gewonnene lebendige Kraft wieder eingebüsst haben und nun ihre Annäherung von Neuem beginnt.

Ueber die Ursache der rückkehrenden Bewegung der Atome sind verschiedene Anschauungen möglich. Man könnte die Atome als vollkommen elastisch voraussetzen, so dass dieselben mit der ihnen beim Zusammenstosse zukommenden lebendigen Kraft wieder den Rückweg beginnen. Es wird dann vermöge der Anziehung, welche jetzt in gleicher Weise die lebendige Kraft der auseinandergehenden Bewegung fortwährend verringert, wie sie vorher die lebendige Kraft der annähernden Bewegung stetig vermehrte, mit der Rückkehr zur Grenze der Anziehung die lebendige Kraft gleich Null geworden sein. Hierauf beginnt die Annäherung von Neuem u. s. w. — Man[1]) kann auch ausser der Anziehung noch eine Abstossung annehmen, und zwar in der Weise, dass in einer gewissen Entfernung Anziehung und Abstossung im Gleichgewicht stehen, dass von dieser Gleichgewichtslage aus einerseits mit wachsender Entfernung die Abstossung stärker abnimmt als die Anziehung, und andererseits bei fernerer Annäherung die Abstossung stärker zunimmt als die Anziehung. Nach dieser zweiten Vorstellung bewegen sich mithin die beiden Atome von der äussersten Grenze der Anziehung bis zur Gleichgewichtslage mit beschleunigter Geschwindigkeit gegen einander. Die in der Gleichgewichtslage den Atomen zukommende Summe an lebendiger Kraft gibt in ihrem Wärmewerth die durch die Anziehung hervorgebrachte Wärmewirkung. Die lebendige Kraft der beiden Atome nimmt von der Gleichgewichtslage aus bei gegenseitiger Annäherung wegen des fortwährend wachsenden Uebergewichts der Abstossung rasch aber stetig bis zu Null ab. Dann kehren die Atome um und haben durch die bis zur Gleichgewichtslage beschleunigend wirkende Abstossung in dieser wieder ihre frühere lebendige Kraft, aber in entgegengesetzter Richtung erlangt. Diese nimmt nun bei weiterem Auseinandergehen bis zur Grenze der gegenseitigen Anziehung wegen des fortwährenden Uebergewichts der Anziehung bis zu Null ab. Hierauf beginnt die Annäherung von Neuem u. s. w.

Welcher der beiden vorerwähnten Anschauungen man sich auch zuwenden mag, so sieht man, dass dieselbe lebendige Kraft, welche in Folge

---

1) Vgl. Naumann, Ann. d. Chem. u. Pharm. 1867, CXLII, 286.

der Anziehung der Atome bei deren Annäherung gewonnen wird, bei der
Trennung der Atome zur Ueberwindung der Anziehung wieder aufgewandt werden muss.

Soll die Trennung der Atome nicht auf Kosten der bei ihrer Annäherung erlangten lebendigen Kraft, sondern durch äussere Einwirkungen bewerkstelligt werden, so ist der Aufwand einer Arbeit nöthig, deren
Betrag durch dieselbe Zahl ausgedrückt wird, welche auch die durch die
Annäherung erlangte Summe der lebendigen Kräfte der Atome bezeichnet. Setzt man für lebendige Kraft und Arbeit die entsprechenden
Wärmewerthe, so besteht demnach der Satz: *zur Trennung der Atome
ist dieselbe Wärmemenge aufzuwenden, welche in Folge der Anziehung der
Atome bei deren Annäherung entwickelt wurde.*

Dasselbe, was hinsichtlich der Wärmeentwickelung für zwei gleichartige oder ungleichartige Atome gilt, ist auch auf drei und mehrere auszudehnen, wenn auch die Bewegungsverhältnisse hinsichtlich der Bahnen
der einzelnen Atome und der wechselnden Vertheilung der gesammten
lebendigen Kraft der Bewegungen dadurch verwickelter werden müssen,
dass sich eine grössere Zahl mindestens theilweise mehrwerthiger und
meist ungleichartiger Atome vereinigt. *Allgemein stellt sich die Wärmeentwickelung durch Anziehung von Atomen dar in der bei der Annäherung gewonnenen Summe von lebendigen Kräften.*

Leider fehlt es bis jetzt an Angaben über die Wärmeentwickelung
bei der Vereinigung vorher isolirter Atome zu Molecülen. Man würde
in ihnen ein unmittelbares Maass für die Wirkung der Anziehung verschiedener Atome haben und auch Rückschlüsse auf die betreffenden Anziehungen selbst machen können. Die bis jetzt vorliegenden Versuchswerthe geben im günstigsten Falle nur Summen und Differenzen der
durch die Anziehung verschiedener Atome hervorgebrachten Wärmewirkungen. Fast durchweg bedürfen die Beobachtungsergebnisse noch einer
Befreiung von dem Einflusse anderer Umstände — wie der schon betrachteten Zustandsänderungen und der nachher zu betrachtenden Aenderung der Molecülzahl — um Zahlen zu erlangen, welche nur die durch
Trennung und Vereinigung von Molecülbestandtheilen entwickelte Wärme
betreffen. Unter der Voraussetzung, dass sowohl den sich umsetzenden
Körpern, als auch den Umsetzungsproducten der vollkommene Gaszustand
zukomme, und dass ferner vor und nach der Umsetzung gleichviel Molecüle vorhanden seien, hängt die bei der Umsetzungstemperatur beobachtete Wärmeentwickelung nur von den Wirkungen der Anziehungen
der Atome ab, wie nach vollständiger Erledigung der übrigen die Wärmeentwickelung beeinflussenden Umstände erhellen wird.

Wenn sich unter der Voraussetzung des vollkommenen Gaszustandes
z. B. ein Molecül AA mit einem Molecül BB zu zwei Molecülen AB
umsetzt, so würde die dadurch entwickelte Wärmemenge gleich sein dem
Doppelten der bei der Vereinigung eines Atoms A mit einem Atom B

entwickelten Wärmemenge, welche durch ab bezeichnet sei, vermindert um die Summe der bei der Vereinigung eines Atoms A mit einem Atom A, und eines Atoms B mit einem Atom B entwickelten Wärmemengen, welche durch aa und bb bezeichnet seien. Es wäre die ganze entwickelte Wärmemenge

$$W = 2\,ab - a\,a - b\,b.$$

In dem allgemeineren Falle, dass ein vollkommenes Gas AB, wo A und B einfache und zusammengesetzte Atome vorstellen können, sich mit einem anderen vollkommenen Gase CD, wo C und D wiederum einfache und zusammengesetzte Atome vorstellen können, zu den Gasen AC und BD umsetze, deren Mischung ebenfalls vollkommen gasförmig sei, erhält man, wenn ab, cd, ac, bd wie in dem vorhergehenden Beispiel die durch Vereinigung der betreffenden Atome zu Molecülen entbundenen Wärmemengen ausdrücken, bei der Umsetzung $AB + CD = AC + BD$ die Gesammtwärmeentwickelung

$$W = ac + bd - ab - cd \ \ldots \ldots \ldots \ldots \ (31)$$

Als Temperatur der vor und nach der Umsetzung vorhandenen Gase ist hierbei die Umsetzungstemperatur verstanden. Diese Wärmeentwickelung hängt gleich der vorigen nur ab von den durch Trennung und Vereinigung von elementaren oder zusammengesetzten Atomen bedingten Wärmeentwickelungen.

d) **Einfluss der Aenderung der Molecülzahl auf die Wärmeentwickelung bei chemischen Vorgängen** [1]).

Unter der vorläufig festgehaltenen Voraussetzung des vollkommenen Gaszustandes sowohl für die sich umsetzenden Körper als für die Umsetzungsproducte wird die im vorigen Capitel untersuchte Wärmeentwickelung bei chemischen Umsetzungen schon verwickelterer, wenn die Zahl der Molecüle eine Aenderung erleidet. Es soll in Folgendem der Einfluss dieses Umstandes seiner Grösse nach bestimmt werden, und dabei eine Vermehrung der Molecülzahl als negative Verminderung in Rechnung kommen, damit die abzuleitenden Ausdrücke für beide Fälle Giltigkeit haben.

Nach den Anschauungen der mechanischen Wärmetheorie befinden sich die Molecüle aller Gase in geradlinig fortschreitender Bewegung, und zwar ist die mittlere lebendige Kraft dieser Bewegung, oder, was dasselbe ist, die in der fortschreitenden Bewegung eines Molecüls im Mittel sich darstellende Wärmemenge der sogenannten absoluten (von -275^0 an gezählten) Temperatur T proportional. Diese Wärmemenge ist unabhängig von der Zusammensetzung des Molecüls, also auch für verschiedene

---

[1]) Fast wörtlich nach N a u m a n n , Ann. d. Chem. u. Pharm. Suppl. VI, 298 bis 305.

Gase bei gleicher Temperatur gleich gross und sonst der absoluten Temperatur proportional (vgl. S. 32). Es lässt sich nun der absolute Werth der in der fortschreitenden Bewegung eines Molecüls von einer beliebigen absoluten Temperatur T^0 sich darstellenden Wärmemenge bestimmen.

Aus einem von Clausius entwickelten Ausdruck für das Verhältniss der lebendigen Kraft der fortschreitenden Molecularbewegung zur gesammten in einem Gase vorhandenen lebendigen Kraft wurde direct abgeleitet [1]), dass die Ausdehnungswärme für vollkommene Gase, d. i. die Wärmemenge, welche bei der Ausdehnung des Gases unter constantem Druck in äussere Arbeit umgesetzt wird, zur Molecularbewegungswärme, d. i. zu der die lebendige Kraft der fortschreitenden Bewegung der Molecüle vermehrenden Wärmemenge, in dem constanten Verhältnisse von 2:3 steht. Nun ist aber für gleiche Temperaturerhöhung die Ausdehnungswärme, wie Dulong [2]) durch den Versuch dargethan, aber Clausius [3]) zuerst erklärt hat, für gleiche Volume aller Gase bei gleichem Druck gleich gross und beträgt für eine Temperaturerhöhung von 1^0 C. bei einem Druck von 760^{mm} Quecksilberhöhe 0,0691 [4]) Wärmeeinheiten, wenn man als Volumeinheit den von der Gewichtseinheit Luft bei 0^0 und 760^{mm} Druck erfüllten Raum nimmt. Mithin beträgt die in dem constanten Verhältnisse von 3:2 zu ihr stehende Molecularbewegungswärme vorbezeichneter Volumeinheit für eine Temperaturerhöhung von 1^0 C. $= \dfrac{3 \cdot 0{,}0691}{2}$

$= 0{,}10365$ Wärmeeinheiten. Da es nun im Begriff des absoluten Nullpunkts liegt, dass bei ihm die Molecularbewegung gleich Null ist, und da die Festsetzung desselben auf $- 275^0$ C. die Voraussetzung in sich schliesst, dass die lebendige Kraft der Molecularbewegung von da ab der absoluten Temperatur proportional wachse, so müssen bei der Erwärmung des bezeichneten Volums eines Gases vom absoluten Nullpunkt bis zu der absoluten Temperatur T^0 ($= 275 + t$) für die fortschreitende Molecularbewegung aufgewandt werden 0,10365 T Wärmeeinheiten. Folglich ist die in der lebendigen Kraft der fortschreitenden Molecularbewegung der obigen Volumeinheit eines Gases bei 760^{mm} Druck und der absoluten Temperatur T^0 sich darstellende Wärmemenge ebenfalls $= 0{,}10365$ T Wärmeeinheiten.

Für chemische Zwecke ist es passender, den Inhalt an Molecular-

---

[1]) Naumann, Ann. d. Chem. u. Pharm. CXLII, 267; vgl. auch oben S. 41.
[2]) Pogg. Ann. 1829, XVI, 476.
[3]) Pogg. Ann. 1850, LXXIX, 397; siehe auch Ann. d. Chem. u. Pharm. CXVIII, 115.
[4]) Ann. d. Chem. u. Pharm. CXVIII, 116. Dieser Werth für die Ausdehnungswärme geht hervor aus dem Mittelwerth 0,23773 der nahezu gleich gefundenen, auf die angegebene Volumeinheit bezogenen specifischen Wärmen der drei permanenten Gase (Wasserstoff, Sauerstoff und Stickstoff) und dem aus der Fortpflanzungsgeschwindigkeit des Schalls (vgl. Pogg. Ann. CXIX, 393) und anderen (vgl. Ann. d. Chem. u. Pharm. CVIII, 113) Beobachtungen zu 1,41 bestimmten Verhältnisse der specifischen Wärme bei constantem Druck zu derjenigen bei constantem Volum.

bewegungswärme auf die durch die Moleculargewichte bezeichneten Gasmengen zu beziehen. Die vorstehende Zahl für den Inhalt irgend eines
Gases an Molecularbewegungswärme bezieht sich auf das von der Gewichtseinheit Luft bei 0^0 und 760^{mm} Druck erfüllte Volum, welches also,
da die specifischen Gewichte der Gase auf dasjenige der Luft als Einheit
bezogen sind, für jedes Gas diejenige Gewichtsmenge enthält, welche durch
die das specifische Gewicht angebende Zahl ausgedrückt wird. Da nun
für jedes Gas nach den für die specifischen Gewichte und die Moleculargewichte üblichen Einheiten das Moleculargewicht das 28,94 fache des
specifischen Gewichts beträgt, so ist auch der auf die Moleculargewichte
sich beziehende Inhalt an Molecularbewegungswärme für alle Gase gleich
dem 28,94 fachen des obigen Zahlenwerths. Mithin ist — indem in der
Folge die durch das Moleculargewicht gegebene relative Menge eines
Gases kurzweg als ein Gasmolecül bezeichnet werden soll — bei dem
durch die absolute Temperatur T^0 bezeichneten Bewegungszustande der
Inhalt irgend eines Gasmolecüls an Molecularbewegungswärme

$$J_m = 28,94 \cdot 0,10365\, T = 2,9996\, T,$$

also mit fast absoluter Genauigkeit

$$J_m = 3\, T \text{ Wärmeeinheiten} \ldots \ldots \ldots \quad (32)$$

    Hat man nun m' gleichartige oder ungleichartige Gasmolecüle von
der absoluten Temperatur T', so ist deren Gesammtinhalt an Molecularbewegungswärme $= m' \cdot 3\, T'$. Entstehen aus diesen m' Gasmolecülen
von der absoluten Temperatur T' bei chemischer Umsetzung m'' Gasmolecüle von der absoluten Temperatur T'', so ist ferner der jetzige Gesammtinhalt an Molecularbewegungswärme $= m'' \cdot 3\, T''$. Folglich ist die durch
Aenderung der Zahl und der Temperatur der Molecüle entwickelte
Wärmemenge

$$A_{mt} = m' \cdot 3\, T' - m'' \cdot 3\, T'' = 3\, (m'\, T' - m''\, T'') \text{ Wärmeeinheiten.} \quad (33)$$

    Unter der vereinfachenden Voraussetzung, dass die Anfangs- und
die Endtemperatur, d. h. die Temperatur der vor und der nach der Umsetzung vorhandenen Körper die Zersetzungstemperatur T_u selbst, also
$T'' = T' = T_u$ sei, ist die durch Aenderung der Molecülzahl
entwickelte Wärmemenge

$$A_m = m' \cdot 3\, T_u - m'' \cdot 3\, T_u = (m' - m'') \cdot 3\, T_u \text{ Wärmeeinheiten.} \quad (34)$$

    Ist $m' = m''$, so ist $A_m = 0$, wie diess auch schon oben S. 92 her-
vorgehoben wurde. Ist $m' > m''$, so ist A_m positiv; es findet dann durch
Verringerung der Molecülzahl eine Wärmeentbindung, also ein Zuwachs
zu der durch Trennung und Vereinigung von Molecülbestandtheilen sich
ergebenden Wärmeentwickelung statt. Ist $m' < m''$, so ist A_m negativ;
es findet dann durch die Vermehrung der Molecüle eine Wärmeabsorption,
also eine Verringerung der durch Trennung und Vereinigung von Molecülbestandtheilen ohnehin sich ergebenden Wärmeentwickelung statt.

    Vorstehende Ergebnisse für den Einfluss der Aenderung der Mole-

cülzahl auf die Wärmeentwickelung bei chemischen Vorgängen finden
gleichfalls auf die Umsetzung unvollkommener Gase Anwendung, da die mittlere lebendige Kraft der fortschreitenden Molecularbewegung für alle Gase, seien dieselben vollkommene oder unvollkommene,
durch die absolute Temperatur bezeichnet wird.

Wasserstoff und Sauerstoff setzen sich oberhalb der Rothglühe [1]) des
Eisens zu Wassergas um. Schätzt man diesen Wärmegrad zu 500^0 C.,
d. h. setzt man $T = 775$, so ist bei der Umsetzung $2\,H_2 + O_2 = 2\,H_2\,O$
die allein auf Rechnung der Aenderung der. Molecülzahl kommende
Wärmeentwickelung nach Gleichung (34) $= 3 \cdot 775 = 2325$ Wärmeeinheiten.

Für dissociationsfähige Körper leitet sich aus hinreichend vorhandenen Dampfdichtebestimmungen die Zersetzungstemperatur [2]) T_u als die
Temperatur der halbvollendeten Zersetzung ab, und ist sonach der Zahlenwerth A_m des Einflusses der Aenderung der Molecülzahl auf die Wärmeentwickelung bei der Umsetzungstemperatur bestimmbar. Derselbe hat
wegen der Vermehrung der Moleküle stets einen negativen Werth, d. h.
es findet durch die Aenderung der Molecülzahl allein eine Wärmeabsorption statt, wie auch folgende Zusammenstellung zeigt:

Namen der Gase.	Zusammen-setzung.	Umsetzungs-producte.	$m' - m''$	T_u	A_m
Bromwasserstoffamylen [3])	C_5H_{10} . HBr	$C_5H_{10} + HBr$	— 1	519^0	— 1557
Jodwasserstoffamylen [4]) .	C_5H_{10} . HJ	$C_5H_{10} + HJ$	— 1	500	— 1500
Phosphorchlorid [5]) . . .	PCl_5	$PCl_3 + Cl_2$	— 1	475	— 1425
Schwefelsäurehydrat [6]) .	SH_2O_4	$SO_3 + H_2O$	— 1	620	— 1860
Untersalpetersäure [7]) . .	N_2O_4	$NO_2 + NO_2$	— 1	335	— 1005

Das Ozonmolecül ist nach Versuchen von Soret [8]) aus drei Sauerstoff-
atomen zusammengesetzt. Bei der Bildung von gewöhnlichem Sauerstoff
aus Ozon entständen demnach gemäss der Umsetzungsgleichung $2\,O_3 = 3\,O_2$
aus zwei Molecülen drei Moleküle und durch diese Aenderung der Molecülzahl würden mithin bei der unbekannten Umsetzungstemperatur T nach
Gleichung (34)

[1]) Frankland, Ann. d. Chem. u. Pharm. CXXIV, 103.
[2]) Vgl. S. 56.
[3]) Vgl. S. 66.
[4]) Vgl. S. 67.
[5]) Vgl. S. 68.
[6]) Vgl. S. 68.
[7]) Vgl. S. 63.
[8]) Ann. d. Chem. u. Pharm. CXXXVIII, 45 und Ann. d. Chem. u. Pharm. Suppl.
V, 148.

$$3 (2 - 3) T = - 3 T \text{ Wärmeeinheiten}$$

entwickelt, d. h. $3 T$ Wärmeeinheiten absorbirt, abgesehen von den aus sonstigen Gründen etwa stattfindenden Wärmevorgängen.

Für die Anwendung der Gleichung (34) ist die Kenntniss der Umsetzungstemperatur erforderlich, die aber meistens mangelt. Es ist aber die Bestimmung des Einflusses der Aenderung der Molecülzahl auf die Wärmeentwickelung unter gegebenen Verhältnissen auch möglich, wenn die Umsetzungstemperatur nicht bekannt ist. Es werde, wie bei den von Favre und Silbermann und von Anderen angestellten Versuchen, als Anfangstemperatur, d. h. als Temperatur der vor der Umsetzung vorhandenen Körper, und zugleich als Endtemperatur, d. h. als Temperatur der nach der Umsetzung vorhandenen Körper, die gleiche unterhalb der Umsetzungstemperatur liegende Temperatur vorausgesetzt. Nach dem die Aequivalenz zwischen Wärme und zwischen chemischer und physikalischer Arbeit ausdrückenden, S. 54 angeführten, Satze ist es alsdann für die gesammte Wärmeentwickelung, für die ganze Energiedifferenz zwischen den vor und den nach der Umsetzung vorhandenen Körpern, vollkommen gleichgiltig, bei welcher Temperatur die Umsetzung stattgefunden hat. Um nun die für die Wärmeentwickelung gefundene Zahl des Einflusses der Aenderung der Molecülzahl bei der gegebenen Anfangs- und Endtemperatur zu entkleiden, hat man in Gleichung (34) für T eben diese Temperatur einzusetzen.

So entspringen bei der durch die Gleichung $2 H_2 + O_2 = 2 H_2 O$ ausgedrückten Umsetzung, wenn man als Anfangs- und als Endtemperatur die gewöhnliche Temperatur von 15^0 C. annimmt, von der gesammten Wärmeentwickelung der Aenderung der Molecülzahl

$$(3 - 2) . 3 . (275 + 15) = 870 \text{ Wärmeeinheiten.}$$

Oder mit anderen Worten: von der gesammten Energiedifferenz zwischen 4 Gewichtseinheiten Wasserstoff und 32 Gewichtseinheiten Sauerstoff von 15^0 einerseits und 36 Gewichtseinheiten Wassergas von derselben Temperatur andererseits kommen 870 Wärmeeinheiten auf Rechnung der Aenderung der Molecülzahl.

Für die Aenderung der Molecülzahl bei vollständiger Verbrennung durch Sauerstoff lassen sich Formeln aufstellen, welche für sämmtliche Glieder derselben homologen Reihe giltig sind, und hiernach auch entsprechende Ausdrücke für die durch alleinige Aenderung der Molecülzahl bedingte Wärmeentwickelung gewinnen, wenn diese bei einer beliebigen absoluten Temperatur T als Anfangs- und Endtemperatur, wofür selbstverständlich auch jede Verbrennungstemperatur gesetzt werden darf, betrachtet wird. In der folgenden Tabelle ist die Verbrennung von je *einem* Molecül, d. h. von der durch das Moleculargewicht ausgedrückten Menge in Betracht gezogen. Es wird hierdurch die vergleichende Uebersicht erleichtert, wenn auch in den chemischen Umsetzungsgleichungen und in der Differenz, welche die Aenderung der Molecülzahl angibt,

Bruchtheile von Molecülen vorkommen, welche vielleicht die Vorstellung etwas stören, aber die Richtigkeit der Ergebnisse nicht beeinträchtigen können.

	m'	m''	$m' - m''$	A_m
Kohlenwasserstoffe $C_n H_{2n+2}$	$\dfrac{8}{2} + \dfrac{3n}{2}$	$2n + 1$	$\dfrac{1-n}{2}$	$\dfrac{1-n}{2} \cdot 3T$
Kohlenwasserstoffe $C_n H_{2n}$	$1 + \dfrac{3n}{2}$	$2n$	$\dfrac{2-n}{2}$	$\dfrac{2-n}{2} \cdot 3T$
Kohlenwasserstoffe $C_n H_{2n-6}$	$\dfrac{3n}{2} - \dfrac{1}{2}$	$2n - 3$	$\dfrac{5-n}{2}$	$\dfrac{5-n}{2} \cdot 3T$
Alkohole $\Big\}\; C_n H_{2n+2} O$ Aether	$1 + \dfrac{3n}{2}$	$2n + 1$	$-\dfrac{n}{2}$	$-\dfrac{n}{2} \cdot 3T$
Aldehyde $C_n H_{2n} O$	$\dfrac{1}{2} + \dfrac{3n}{2}$	$2n$	$\dfrac{1-n}{2}$	$\dfrac{1-n}{2} \cdot 3T$
Säuren $\Big\}\; C_n H_n O_2$ Aether	$\dfrac{3n}{2}$	$2n$	$-\dfrac{n}{2}$	$-\dfrac{n}{2} \cdot 3T$

Wie die Tabelle lehrt, findet für Alkohole, Säuren und Aether schon bei der Verbrennung des Anfangsgliedes eine Vermehrung der Molecüle und hierdurch eine Verringerung der sonstigen Wärmeentwickelung statt. Dasselbe tritt auch für die höheren Glieder der übrigen Reihen ein. Für sämmtliche Reihen entspricht einem Zuwachs von $n\,CH_2$ ein Zuwachs der durch alleinige Aenderung der Molecülzahl bedingten Wärmeentwickelung von $-\dfrac{n}{2} \cdot 3T$. Diess Ergebniss lässt sich auch direct aus der Verbrennungsgleichung

$$(n\,CH_2) + n\,O_2 + \frac{n}{2}\,O_2 = n\,CO_2 + n\,H_2O$$

ableiten, nach welcher

$$m' - m'' = n + \frac{n}{2} - (n + n) = -\frac{n}{2} \cdot$$

In der S. 89 entwickelten Gleichung (30)

$$Q_\tau = Q_t + U - V,$$

welche die Energiedifferenzen derselben Körper bei verschiedenen Temperaturen, die natürlich auch Umsetzungstemperaturen sein können, auf einander bezieht, schliesst die Differenz $U - V$ den mit der Temperatur steigenden Zuwachs des Einflusses der Aenderung der Molecülzahl in sich, da die Zunahme der Molecularbewegungswärme für 1^0 Temperaturerhöhung in der specifischen Wärme einbegriffen ist, und also U und V die Aenderungen der Molecularbewegungswärmen in Form der betreffenden Wärmecapacitäten in sich enthalten.

e) Wärmeentwickelung durch Anziehung von Molecülen.

In gleicher Weise wie die Anziehung der Atome (vgl. S. 90) ist auch die Anziehung von Molecülen die Ursache von Wärmewirkungen. Bewegen sich zwei oder mehrere Molecüle in Folge der zwischen ihnen herrschenden Anziehung gegen einander, so stellt die bei der Annäherung gewonnene Summe von lebendiger Kraft ihrer Bewegungen in ihrem Wärmewerth die der wechselseitigen Anziehung entstammende Wärmeentwickelung dar. Bei der Trennung der Molecüle wird dann eben so viel an lebendiger Kraft, beziehungsweise Wärme, verbraucht, als bei der Annäherung erzeugt wurde.

Es sind bezüglich der Bildung von Molecülverbindungen nach festen Verhältnissen die Molecüle als Atomgruppen anzusehen, die sich zu einem complicirteren Molecül vereinigen. Die durch die Annäherung der Molecüle gewonnene lebendige Kraft derselben wird sich in Folge der Zusammenstösse der Molecüle und der Beweglichkeit der elementaren Atome innerhalb der ursprünglichen einfacheren Molecüle zum Theil auf die Atome übertragen, so dass ebenfalls ein für alle Temperaturen constantes Verhältniss zwischen der lebendigen Kraft der Molecularbewegungen und derjenigen der Atombewegungen im Ganzen erhalten bleibt. - Es wird hierdurch aber die Grösse der Gesammtwärmeentwickelung nicht beeinflusst.

Was die Verbindungen nach veränderlichen Verhältnissen anlangt, so findet hierbei, wenigstens für flüssige und gasförmige Körper, keine Bildung complicirterer, individueller Molecüle statt, sondern es vertheilen sich Molecüle theils in Folge wechselseitiger Anziehungen, theils in Folge ihrer Bewegungszustände gleichmässig zwischen einander und kommen dadurch in gewisse mittlere Entfernungen. Wenn auch die Bewegungszustände zur Vermengung von Molecülen beitragen, so hängen doch die dabei stattfindenden Wärmewirkungen, wie bei den Atomverbindungen und bei den Molecülverbindungen nach festen Verhältnissen, nur von der in der Richtung der Anziehungen stattfindenden positiven oder negativen Arbeit ab. Wenn z. B. die Molecüle A einer Flüssigkeit sich mit den Molecülen B einer anderen Flüssigkeit mengen, so wird einerseits Wärme verbraucht dadurch, dass jetzt die mittlere Entfernung der sich anziehenden Molecüle A wie auch diejenige der sich anziehenden Molecüle B eine grössere wird. Dagegen wird durch die Annäherung der ungleichartigen, ebenfalls sich anziehenden Molecüle A und B Wärme erzeugt. Die Gesammtwärmewirkung stellt sich dar in der algebraischen Summe dieser einzelnen, theilweise positiven, theilweise negativen, Wärmeentwickelungen.

Auch feste Körper lassen sich als Molecülverbindungen nach veränderlichen Verhältnissen betrachten, wie z. B. krystallisirte Mischungen aus isomorphen Körpern nach veränderlichen Verhältnissen [1]). Voraussichtlich ist der Energieinhalt eines solchen gemischten Krystalls verschieden von der Summe der Energieinhalte der einzelnen Bestandtheile für sich. Es wird z. B. ein aus kohlensaurem Kalk und kohlensaurer Magnesia bestehender Krystall bei der Auflösung in Säure eine andere Wärmeentwickelung geben als die Summe der Wärmeentwickelungen, welche die Bestandtheile kohlensaurer Kalk und kohlensaure Magnesia im freien Zustande für sich geben. Der Unterschied beider Wärmeentwickelungen, welcher die Energiedifferenz zwischen der Molecülverbindung und ihren Bestandtheilen darstellen würde, wäre dann, wie die Wärmeentwickelung beim Mischen von Flüssigkeiten, aufzufassen als die Summe entgegengesetzter, der Entfernung gleichartiger und der Annäherung ungleichartiger Molecüle entstammender Wärmeentwickelungen.

Da bei Gasen die Molecularanziehungen geringer sind als die Wirkungen der lebendigen Kraft der Molecularbewegung und in Folge davon die Molecüle sich in fortschreitender Bewegung befinden, so müssen sich die Molecüle aller Gase, wenn keine chemische Verbindung nach festen Verhältnissen eintritt, gleichmässig zwischen einander vertheilen. Bei der Mischung zweier vollkommenen Gase A und B kann dann von einer Wärmewirkung nicht die Rede sein, wenn die Anziehung der Molecüle A zu den Molecülen B in der eintretenden mittleren Entfernung ebenfalls verschwindend klein ist. Ist aber diese Anziehung eine merkliche, so muss dadurch Annäherung der Molecüle und hiermit eine Wärmeentbindung unter Volumverminderung erfolgen. Bei der Mischung unvollkommener Gase ist die stattfindende Wärmeentwickelung, wie bei der Mischung von Flüssigkeiten, gleich der algebraischen Summe der mit der Entfernung der gleichartigen Molecüle und der Annäherung der ungleichartigen verbundenen einzelnen Wärmeentwickelungen. Dabei wird im Allgemeinen eine Volumänderung stattfinden.

Ueber Wärmewirkungen bei Bildung fester und gasförmiger Molecülverbindungen nach veränderlichen Verhältnissen aus ihren festen oder gasförmigen Bestandtheilen liegen, wie es scheint, bis jetzt keine Untersuchungen vor. Es werden desshalb in Folgendem nur die flüssigen Molecülverbindungen nach veränderlichen Verhältnissen, welche entweder durch Auflösung fester Körper in Flüssigkeiten oder durch Mischung von Flüssigkeiten oder durch Absorption von Gasen in Flüssigkeiten entstehen, und unter dem allgemeinen Namen der Lösungen zusammengefasst zu werden pflegen, einer eingehenderen Betrachtung unterzogen, zumal bereits ein auf die Anschauungen der mechanischen Wärmetheorie sich gründender Versuch einer Theorie der Lösungen vorliegt. Dabei wird sich Gelegenheit bieten, die Bedingungen für Bildung von Molecülverbindun-

---

[1]) Siehe Kopp, theoret. Chemie 1863, S. 138.

gen nach festen Verhältnissen und die hierbei statthabenden Wärmewirkungen zu erörtern.

Theorie der Lösungen [1]).

Nach S. 24 ist jede Flüssigkeit zu betrachten als ein Aggregat von
Molecülen, für welche zwar die Anziehung zweier einzelnen benachbarten
Molecüle, aber nicht die Gesammtanziehung aller übrigen Molecüle zu
einem einzelnen in Folge der lebendigen Kraft der Molecularbewegung
überwunden wird. Sind die betreffenden Molecüle ungleichartig, so nennt
man die Flüssigkeit eine Lösung. Je nachdem aber Bestandtheile einer
Lösung unter den gegebenen Verhältnissen für sich dem festen, flüssigen
oder gasförmigen Zustande angehören, unterscheidet man Lösungen im
engeren Sinne, Mischungen und Absorptionen.

a) Lösungen von Gasen oder Absorptionen.

Man denke sich ein Gas in Berührung mit einer Flüssigkeit, zunächst
unter der Annahme, dass die Anziehung der Flüssigkeitsmolecüle zu den
Gasmolecülen gegenüber den Wirkungen der lebendigen Kraft der Molecüle verschwinde. Es stossen die Gasmolecüle in ihrer geradlinigen Bewegung auf die Oberfläche der Flüssigkeit. Ist nun die lebendige Kraft
derselben hinreichend gross, so dringen sie in letztere ein, indem sie
theilweise die Zwischenräume zwischen den Flüssigkeitsmolecülen ausfüllen, theilweise diese selbst auseinanderschieben, wodurch Volumverän-
derung der Flüssigkeitsmasse eintritt. Indem sich der Flüssigkeitsraum
mehr und mehr mit sich bewegenden Gasmolecülen füllt, gelangen einzelne derselben wieder an die Flüssigkeitsoberfläche und kehren in den
mit Gas erfüllten Raum zurück. Sättigung ist eingetreten, wenn in der
Zeiteinheit durchschnittlich ebensoviel Gasmolecüle in die Flüssigkeit eintreten, wie von derselben ausgesandt werden.

Je mehr Molecüle derselben Art nun in einer gewissen Zeit auf die

---

[1]) Dieser Abschnitt ist grossentheils eine mit Hinweisungen auf die betreffenden
Thatsachen versehene, fast wörtliche Wiedergabe von L. Dossios, „Zur Theorie der
Lösungen“, Vierteljahrsschrift der Zürcherischen Naturforschenden Gesellschaft, Bd. XIII,
1 bis 21; Jahresber. für Chemie f. 1867, 92 bis 95. Wenn diese Theorie mitunter
auch im Einzelnen noch feiner auszuarbeiten ist und manchen Thatsachen noch eingehender Rechnung zu tragen hat, so ist doch anzuerkennen, dass sie sich im Allgemeinen den vorliegenden Thatsachen ungezwungen anpasst.

Flüssigkeitsoberfläche stossen, d. h. nach S. 26, je grösser der Druck des betreffenden Gases ist, um so grösser wird die Anzahl der in die Flüssigkeit eindringenden Molecüle sein. Es ist also für Gase, deren Molecüle von den Flüssigkeitsmolecülen nicht merklich angezogen werden, die absorbirte Menge dem Drucke, welchen das betreffende Gas für sich ausübt, dem sogenannten Partialdruck proportional. Diese einfache Regelmässigkeit wird als das Henry-Dalton'sche Gesetz bezeichnet.

Es dringen nun die Molecüle verschiedener Körper nicht gleich leicht ein, sondern je nach der Grösse und der relativen Form der Gasmolecüle selbst und der Molecularzwischenräume der Flüssigkeiten mit verschiedener Leichtigkeit. Daher ist die Absorbirbarkeit desselben Gases durch verschiedene Flüssigkeiten und verschiedener Gase durch dieselbe Flüssigkeit unter sonst gleichen Umständen verschieden [1]). Auch ändert sich die Absorbirbarkeit eines Gases durch eine Flüssigkeit, wenn letztere durch Auflösen einer dritten festen oder flüssigen Substanz ihre Beschaffenheit ändert [2]). Wenn für sehr hohen Druck ein Gas, z. B. die Kohlensäure [3]), in geringerem Grade absorbirt wird, als man nach dem für niederen Druck geltenden Henry-Dalton'schen Gesetz erwarten sollte, so mag diess darin seinen Grund haben, dass die ursprüngliche, die Absorbirbarkeit mitbedingende Beschaffenheit der Flüssigkeit um so mehr geändert wird, je mehr von einem Gase schon absorbirt ist.

Ist die Anziehung der Gasmolecüle zu den Flüssigkeitsmolecülen beträchtlich, so müssen grössere Mengen des Gases absorbirt werden, wie von Ammoniak, Chlorwasserstoff, schwefliger Säure u. s. w. durch Wasser [4]), und die Absorption folgt nicht dem Henry-Dalton'schen Gesetze. Je höher aber die Temperatur wird, je mehr sich die Wirkungen der wachsenden lebendigen Kraft der Molecularbewegungen gegenüber den Molecularanziehungen geltend machen, um so mehr nähert sich die Absorption dem erwähnten Gesetze. Für schweflige Säure stimmen die gefundenen Zahlen annähernd schon bei 50°, für Ammoniak etwa bei 100° mit demselben überein [5]).

b) Lösungen von Flüssigkeiten oder Flüssigkeitsmischungen.

Man denke sich zwei Flüssigkeiten A und B über einander geschichtet, zunächst unter der Annahme, die Anziehung der Molecüle A zu den Molecülen B vermöge an und für sich die Anziehung der Molecüle A unter sich und der Molecüle B unter sich zu überwinden. Es werden sich dann in Folge der überwiegenden Anziehung der ungleichartigen Molecüle die beiden Flüssigkeiten vollständig vermischen, in welchem Mengenverhältnisse dieselben auch vorhanden sind. Es sind also zwei Flüssigkeiten in jedem

---

[1]) Siehe bezüglich einschlagender Thatsachen Kopp's theoret. Chemie 1863, S. 42.
[2]) Daselbst S. 44. — [3]) Daselbst S. 43. — [4]) Ebendaselbst. — [5]) Ebendaselbst.

Verhältnisse mischbar, wenn die Anziehung der ungleichartigen Molecüle die Anziehungen der gleichartigen zu überwinden vermag. Hierher gehören demnach die Mischungen von Wasser und Alkohol, von Alkohol und Aether u. s. w.

Ist dagegen die Anziehung der Molecüle A zu den Molecülen B nicht im Stande, die Anziehung der Molecüle A zu A und B zu B zu überwinden, so würde durch die Anziehung allein eine Entfernung gleichartiger Molecüle von einander und eine Annäherung der ungleichartigen nicht stattfinden können, wenn nicht die Bewegungszustände der Molecüle hier in Mitwirkung kämen. Denkt man sich nämlich ein Molecül A an der Berührungsfläche beider Flüssigkeiten, so kann es vorkommen, dass seine Bewegung in die Richtung von A nach B fällt. Ist nun die Wirkung seiner Bewegung vermehrt um die Anziehung der Molecüle A zu den Molecülen B im Stande, die Anziehungen der Molecüle A unter sich und der Molecüle B unter sich zu überwinden, so entfernt sich das betreffende Molecül von A nach B. Ebenso geschieht es mit anderen Molecülen A. Diese in B befindlichen Molecüle A bewegen sich nun zwischen den Molecülen B. In ihrer Bewegung aber kommen wieder einzelne davon an die Grenze der beiden Flüssigkeitsschichten zurück und werden nun im Allgemeinen von den Molecülen A festgehalten. Es wird schliesslich ein Punkt eintreten, wo ebensoviel Molecüle A nach B sich hinbewegen, als von B nach A zurückkommen, dann ist die Flüssigkeit B mit Molecülen A gesättigt. Auf dieselbe Weise wird die Flüssigkeit A mit Molecülen B sich sättigen. Die Flüssigkeiten sind also unter den vorausgesetzten Bedingungen nicht in jedem Verhältnisse mischbar. Zugleich ergibt sich aus vorstehenden Betrachtungen, dass die Löslichkeit einer Flüssigkeit in einer anderen mit der lebendigen Kraft der Molecularbewegung, d. h. mit der Temperatur zunehmen muss. Denn da in dem vorausgesetzten Falle, dass die Anziehung der ungleichartigen Molecüle für sich kleiner ist als die Summe der Anziehungen der gleichartigen, die Bewegung der Molecüle die gegenseitige Löslichkeit der Flüssigkeiten bedingt, so muss mit der Ursache, mit der lebendigen Kraft der Molecularbewegung, auch die Wirkung, die gegenseitige Löslichkeit, zunehmen.

c) Lösungen fester Körper.

Bezüglich der Lösungen fester Körper im Vergleich mit derjenigen von Flüssigkeiten besteht der Unterschied, dass die Anziehung der Molecüle des festen Körpers zu einander gross ist, da sie durch die lebendige Kraft der Molecüle nicht überwunden wird (vgl. S. 24). Es kann daher eine Lösung in jedem Verhältnisse nicht eintreten. Es sei nämlich die Anziehung zwischen den Molecülen eines festen Körpers A und einer Flüssigkeit B gleich ab; aa und bb seien die Anziehungen zwischen den

Molecülen B unter sich; so würde, selbst in dem Falle, dass die Anziehung ab die Anziehungen aa und bb überwöge, die Anziehung ab durch die lebendige Kraft der Bewegungen nicht überwunden werden können, da nicht einmal die kleinere aa durch dieselbe überwunden wird, wie der feste Zustand des Körpers A bezeugt. Eine Verbindung von Molecülen A und B könnte demnach nur eine feste sein.

Für die Lösungen der festen Körper wird also ein Sättigungspunkt eintreten. Dieser wird erreicht, wenn unter Mitwirkung der Bewegungszustände, ähnlich wie für nicht in jedem Verhältnisse mischbare Flüssigkeiten gezeigt wurde, in der Zeiteinheit durchschnittlich ebensoviel Molecüle des festen Körpers von ihren gleichartigen Molecülen sich loslösen, als durch Zusammentreffen wieder mit einander fest verbunden werden.

Zugleich ersieht man, dass die Löslichkeit auch eines festen Körpers mit der lebendigen Kraft der Molecularbewegung, d. h. mit steigender Temperatur sich steigern muss. Diess ist auch im Allgemeinen der Fall. Für die Ausnahmen hat man auf Thatsachen [1]) gestützt angenommen, dass bei höherer Temperatur nicht mehr derselbe Körper in Lösung ist, wie bei niedrigerer, sondern bei niedrigerer ein Hydrat und bei höherer ein wasserärmeres Hydrat oder die wasserfreie Substanz. Man kann sich über den Grund dieser auf der Bildung verschiedener Molecülverbindungen nach festen Verhältnissen beruhenden scheinbaren Unregelmässigkeiten, welche sich auch auf die unten zu betrachtenden Wärmewirkungen beim Lösen erstrecken, folgende nähere Vorstellung machen.

Man denke sich ein Aggregat von Molecülen eines festen und eines flüssigen Körpers in genügend hoher Temperatur, so dass die Molecüle nicht an ihren Nachbarmolecülen festhängen, sondern sämmtlich sich bewegen können, also eine Lösung. Stellt man sich dann vor, dass dieselbe allmälig abgekühlt wird, so folgen dann bei einer gesättigten Lösung, indem die lebendige Kraft der Molecularbewegung, die Bedingung der Lösung abnimmt, die Molecüle des festen Körpers der gegenseitigen Anziehung, derselbe krystallisirt theilweise aus. Ebenso kommt aber die gegenseitige Anziehung der Molecüle des festen zu den benachbarten Molecülen des flüssigen Körpers in Betracht. Ist nun die lebendige Kraft der Molecularbewegungen nicht mehr so gross, um diese Anziehung überwinden zu können, so verbinden sich zwei ungleichartige Molecüle zu einer Molecülverbindung nach festen Verhältnissen. Die Molecüle dieser Molecülverbindung äussern wiederum andere Anziehungen als die Molecüle des festen Körpers für sich. Sie können desshalb entweder in Lösung bleiben oder bei überwiegender gegenseitiger Anziehung sich in krystallinischem Zustande abscheiden. Es kann auch der Fall eintreten, dass diese Molecüle noch mehr Flüssigkeitsmolecüle anziehen und mit sich vereinigen, wodurch Verbindungen mehrerer Molecüle, z. B. Verbindungen mit verschiedenen Mengen von Krystallwasser entstehen. So

---

[1]) Siehe Kopp's theoret. Chemie 1863, S. 31 bis 34.

setzt eine gesättigte Lösung von schwefelsaurem Manganoxydul [1]) bei Temperaturen gegen 100° Krystalle ab, welche nach festem Verhältnisse auf 1 Molecül wasserfreies schwefelsaures Manganoxydul, $MnSO_4$, 3 Molecüle Wasser enthalten; bei niedrigerer Temperatur, bei 20° bis 40°, monoklinische Krystalle, welche auf 1 Molecül wasserfreies schwefelsaures Manganoxydul 4 Molecüle Wasser enthalten; bei 7° bis 20° triklinische Krystalle von der Form des Kupfervitriols, in welchem sich auf 1 Molecül wasserfreies Salz 5 Molecüle Wasser finden; und endlich unter 6° monoklinische Krystalle von der Form des Eisenvitriols, welche auf 1 Molecül wasserfreies Salz 7 Molecüle Wasser enthalten.

Erhitzt man Lösungen krystallwasserhaltiger Molecüle, so spalten diese zusammengesetzteren Molecüle sich wieder, sobald die lebendige Kraft der Bewegungen der in ihnen enthaltenen einfacheren Molecüle die gegenseitige Anziehung zu überwinden vermag. Diese Spaltung erfolgt nicht auf einmal, so dass bei einer gewissen Temperatur sämmtliche Molecüle des festen Körpers mit Krystallwasser verbunden sind und bei der nächst höheren sämmtliche krystallwasserfrei werden; sondern zunächst werden nur diejenigen Molecüle sich spalten, welche das Maximum der lebendigen Kraft, wobei ihre Verbindung gerade noch bestehen kann, schon überschreiten. Die dadurch entstehenden krystallwasserfreien beziehungsweise krystallwasserärmeren Molecüle werden sich wieder bei Abnahme ihrer lebendigen Kraft mit Wasser verbinden. Für jede Temperatur tritt der Gleichgewichtspunkt ein, wenn durchschnittlich in der Zeiteinheit sich ebensoviel Molecüle mit Wasser zu einer Molecülverbindung nach festen Verhältnissen vereinigen als getrennt werden. Je grösser die lebendige Kraft, je höher die Temperatur ist, desto mehr ist die Anziehung überwunden. Es ergibt sich also eine allmälige Entwässerung, woraus folgt, dass auch die durch sie bewirkte Löslichkeitsänderung nicht sprungweise, sondern allmälig stattfinden muss. So z. B. fängt in einer Glaubersalzlösung [2]) die Spaltung der krystallwasserhaltigen Molecüle bei etwa 33° an und von diesem Punkt nimmt auch die Löslichkeit allmälig ab.

d) Wärmewirkungen bei Lösungen.

Beträchtliche Wärmeentbindungen finden statt bei nicht dem Henry-Dalton'schen Gesetze folgenden Absorptionen von Gasen, für welche nach S. 102 eine mehr oder minder bedeutende Anziehung der Gasmolecüle zu den Flüssigkeitsmolecülen anzunehmen ist; so z. B. bei der Absorption von Chlorwasserstoff, Bromwasserstoff, Jodwasserstoff, schwefliger Säure, Ammoniak durch Wasser [3]).

---

[1]) Kopp's theoret. Chemie 1863, S. 24.
[2]) Daselbst S. 33.
[3]) Favre und Silbermann, Ann. chim. phys. (3) XXXVII, 411 bis 418; Jahresber. für Chemie f. 1858, 12; Kopp's theoret. Chemie 1863, S. 245.

Wenn zwei Flüssigkeiten in jedem Verhältnisse mischbar sind, so muss man nach S. 102 schliessen, dass die Anziehung der ungleichartigen Molecüle grösser ist als die Summe der Anziehungen der gleichartigen. Tritt aber diese überwiegende Anziehung in Wirkung, so muss auch die durch Annäherung der ungleichartigen Molecüle entbundene Wärmemenge grösser sein als die Summe der durch Entfernung der gleichartigen Molecüle gebundenen Wärmemenge. Mischen sich also zwei Flüssigkeiten in jedem Verhältnisse, so muss Wärme frei werden, wie diess in der That der Fall ist beim Mischen von Wasser mit Alkohol, mit Glycerin, mit Schwefelsäure, mit Essigsäure u. s. w. Es liegt hierin auch die Erklärung dafür, dass für ein weiteres allmäliges Zumischen gleicher Mengen des einen Bestandtheils zu einer bestimmten Menge des anderen der Zuwachs der Wärmeentbindung allmälig abnimmt, wie sich diess z. B. bei successivem Zusatz von Wasser zu Schwefelsäure [1]), zu Alkohol [2]), zu Glycerin [2]) und im Ganzen auch zu Essigsäure [1]) zeigt. Es können nämlich um so weniger die Molecüle des fortwährend zugemischten Bestandtheils in die Nähe der Molecüle des anderen treten, je mehr diese schon von solchen Molecülen umgeben sind.

Bei Lösungen, welche bei einer bestimmten Temperatur ein Löslichkeitsmaximum zeigen, ist die Anziehung der verschiedenartigen Molecüle kleiner als die Summe der Anziehungen der gleichartigen Molecüle unter sich. So ist z. B. in einer Salzlösung die Anziehung der Salzmolecüle zu den Molecülen des Lösungsmittels kleiner als die Summe der Anziehungen der Salzmolecüle unter sich und der Flüssigkeitsmolecüle unter sich. Es folgt daraus, dass bei der Lösung nicht in jedem Verhältnisse mischbarer Körper Wärme gebunden wird.

Wo für Lösungen von festen Körpern Temperaturerhöhung eintritt, ist meistens das Entstehen eines Hydrats beobachtet worden. So z. B. bringt das aus Kaliumoxyd und Wasser unter Feuererscheinung sich bildende sogenannte Kalihydrat, KHO, bei dem Lösen in Wasser noch beträchtliche Erwärmung hervor; aber die Verbindung desselben mit möglichst viel Wasser nach festem Verhältnisse, $KHO + 2 H_2 O$, löst sich in Wasser unter starker Erkaltung [3]).

Der gewöhnlich üblichen Erklärungsweise, wonach die Wärmebindung beim Lösen von Salzen durch die latente Schmelzwärme der in Lösung, also in den flüssigen Aggregatzustand übergehenden Körper hervorgerufen, die Lösung selbst aber durch das Ueberwiegen der Anziehung von Wasser zu Salz über diejenige von Wasser zu Wasser und von Salz zu Salz, also unter Wärmeentbindung zu Stande kommen soll, widersprechen zahlreiche Thatsachen. Nach ihr wäre nämlich die Gesammtwärmeentwickelung gleich der erwähnten Wärmeentbindung weniger der latenten Schmelzwärme. Nun ist aber die bei der Lösung eines Salzes

────────────

[1]) Jahresber. für Chemie f. 1860, 34. — [2]) Daselbst S. 35.
[3]) Siehe Kopp's theoret. Chemie 1863, S. 245.

in Wasser gebunden werdende Wärmemenge öfters grösser als die Schmelzwärme des Salzes selbst. Bei dem Schmelzen von 1 Gewichtstheil salpetersaurem Kali für sich werden 49 Wärmeeinheiten gebunden, aber bei dem Lösen derselben Menge des Salzes in dem 20 fachen Gewichte Wasser von 20° werden 81 Wärmeeinheiten gebunden.

Die bei einigen in jedem Verhältnisse sich mischenden Flüssigkeiten beobachteten [1] Temperaturerniedrigungen sind kein Beweis dafür, dass die gegenseitige Lösung an sich die Ursache einer Wärmebindung sei. Es lässt sich nämlich die Temperaturerniedrigung durch die im Vergleich zu der mittleren Wärmecapacität der Bestandtheile vergrösserte Capacität des Mischproducts erklären. Dieselbe muss nach dem mit der Anfangstemperatur nach Gleichung (30) S. 89 sich ändernden Einflusse der als constant vorausgesetzten specifischen Wärmen der Bestandtheile und des Mischproducts, bei allmäliger Erniedrigung der Anfangstemperatur auch allmälig abnehmen, Null werden und dann in eine mit weiterer Erniedrigung der Anfangstemperatur wachsende Wärmeentbindung übergehen [2]. Es liegen Beobachtungen [3] vor, welche diesen Schluss bestätigen. So beträgt z. B. die bei einer Mischung gleicher Volume Schwefelkohlenstoff und Alkohol eintretende Temperaturerniedrigung 5,6° bei der Anfangstemperatur 21,9° und nur 3° bei der Anfangstemperatur 0°. Es bleibt nun freilich immerhin noch die Vergrösserung der Wärmecapacität des Mischproducts im Vergleich zur mittleren Wärmecapacität der gemischten Körper zu erklären.

e) Siedepunkt von Lösungen.

Da der Siedepunkt die Temperatur angibt, bei welcher in Folge der lebendigen Kraft der Molecüle die Gesammtanziehung der umliegenden Molecüle (und der äussere Druck) überwunden wird, in einer Lösung aber andere Anziehungen wirksam sind als in der ursprünglichen Flüssigkeit, so muss der Siedepunkt einer Flüssigkeit durch Auflösung eines anderen Körpers verändert werden. Betrachtet man zunächst die Lösung eines Körpers, der nicht in jedem Verhältnisse mit der Flüssigkeit mischbar ist, eines Salzes z. B., so muss der Siedepunkt erhöht werden, wenn die Gesammtanziehung, welche von den umliegenden Wasser- und Salzmolecülen auf ein Wassermolecül ausgeübt wird, grösser ist, als die in reinem Wasser von den Wassermolecülen ausgeübte Anziehung, hingegen erniedrigt werden, wenn die Gesammtanziehung kleiner ist. Bei wässe-

---

[1] Bussy und Buignet, Jahresber. für Chemie f. 1867, 70.
[2] Vgl. des Näheren Berthelot, Jahresber. für Chemie f. 1867, 71; Compt. rend. LXIV, 410.
[3] Von Bussy und Buignet, Jahresber. für Chemie f. 1864, 66.

rigen Salzlösungen [1]) und bei einigen anderen untersuchten Lösungen [2])
wird der Siedepunkt erhöht, was also darauf hindeutet, dass die in einer
Salzlösung auf ein Wassermolecül ausgeübte Anziehung grösser ist als
im reinen Wasser.

Bei der gegenseitigen Lösung zweier in jedem Verhältnisse misch-
baren Flüssigkeiten zeigt die Erfahrung, dass solche Mischungen bei
einer Temperatur zu sieden beginnen [3]), welche die Siedetemperatur des
flüchtigeren Bestandtheils stets übersteigt und zwar um so mehr übertrifft, je grösser die relative Menge des weniger flüchtigen Bestandtheils
ist. Aus diesem Umstand muss geschlossen werden, dass in dem Gemisch
die Gesammtanziehung auf die einzelnen Molecüle des flüchtigeren Körpers grösser ist als in dem flüchtigeren Körper für sich. Man habe eine
Mischung der zwei Flüssigkeiten A und B und es sei a die auf ein Molecül der Flüssigkeit A von sämmtlichen Molecülen, sowohl von A als von
B, ausgeübte Anziehung; ebenso sei b die auf ein Molecül der Flüssigkeit B
ausgeübte Anziehung sämmtlicher Molecüle. Nimmt man nun an,
dass $a < b$, so werden beim Erhitzen vorzugsweise Molecüle von A in
Dampfform übergehen. Dabei versteht sich von selbst, dass a und b nicht
constant, sondern je nach dem Wechsel der Zusammensetzung der Lösung
veränderlich sind. Da die zwei Flüssigkeiten als in jedem Verhältnisse
mischbar angenommen werden, so ist die Anziehung der ungleichartigen
Molecüle grösser als die der gleichartigen. Gehen nun Molecüle A weg,
so werden die übrigbleibenden Molecüle A mehr von Molecülen B umgeben und in Folge dessen im Ganzen stärker angezogen; also a wächst.
Umgekehrt werden die Molecüle B mehr von Molecülen B umgeben:
also b vermindert sich. Man hat daher zwar $a < b$; aber a wird immer
grösser, b immer kleiner. Dabei können zwei Fälle eintreten: entweder
bleibt dennoch a immer kleiner als b, oder es erreicht den Werth b und
wir haben, nachdem eine gewisse Anzahl von Molecülen A in Dampfform
übergegangen ist, $a = b$. Im ersten Fall entweichen durch Uebergang
in Dampfzustand die Molecüle A, natürlicher Weise immer mehr und
mehr mit Molecülen B gemengt, und schliesslich die Molecüle B. Die
zwei Flüssigkeiten sind theoretisch durch fractionirte Destillation trenn-
bar. Tritt hingegen der Fall $a = b$ ein, so ist von dem Momente an
kein Grund vorhanden, dass mehr Molecüle A oder B weggehen sollen,
als dem Verhältnisse entspricht, in welchem beide in der Flüssigkeit vorhanden sind. Es verdampft alsdann der Rückstand mit constanter Zusammensetzung und constantem Siedepunkt. So verhält sich ein Gemisch
von 88,5 Theilen Schwefelkohlenstoff und 11,5 Theilen Alkohol [4]) bei der

---

[1]) Eine Zusammenstellung von Versuchsergebnissen siehe in Kopp's theoret. Chemie 1863, S. 210.

[2]) Z. B. bei der Lösung von Chlorwasserstoff in Wasser unter gewissen nachher
erörterten Verhältnissen.

[3]) Alluard, Jahresber. für Chemie f. 1863, 62.

[4]) Nach Versuchen von Berthelot, Jahresber. für Chemie f. 1863, 60.

Destillation wie eine homogene Flüssigkeit. So weiss man ferner, dass aus einer Lösung von Chlorwasserstoff in Wasser der im Ueberschuss vorhandene Bestandtheil verdampft, bis bei gewöhnlichem Luftdruck eine Flüssigkeit von der Zusammensetzung 79,8 Proc. Wasser und 20,2 Proc. Chlorwasserstoff übrig bleibt, welche dann mit dem constanten Siedepunkt 110⁰ überdestillirt [1]). Aehnliche Verhältnisse sind auch bei anderen Substanzen [2]) beobachtet worden. Man betrachtete lange solche Lösungen als Verbindungen nach bestimmten Verhältnissen, die bei 110⁰ destillirende Salzsäure z. B. als $HCl + 8 H_2O$. Da nun aber bei anderen Lösungen die Zusammensetzung der bei constantem Siedepunkt übergehenden Flüssigkeiten nicht atomistischen Verhältnissen entspricht und selbst die Zusammensetzung der Salzsäurelösung je nach dem Druck, unter welchem die Destillation vorgenommen wird, veränderlich ist, wobei für jeden Druck eine unter constantem Siedepunkt übergehende Flüssigkeit von constanter Zusammensetzung erlangt wird, so konnte diese Anschauungsweise nicht aufrecht erhalten werden.

Wirft man einen Rückblick auf die Wärmewirkungen, welche durch die in vorstehenden Capiteln behandelte Bildung von Molecülverbindungen bedingt werden, so treten folgende Hauptergebnisse hervor:

Die Molecülverbindungen nach festen Verhältnissen bilden sich stets unter Wärmeentbindung. So wird durch die Verbindung von Salz mit Krystallwasser stets Wärme frei, auch wenn das Product gelöst bleibt. Ferner durch die Vereinigung von ungleichartigen oder gleichartigen Molecülen zu Krystallmolecülen.

Unter den Verbindungen nach veränderlichen Verhältnissen bedingen die nach jedem Verhältnisse zwischen Flüssigkeiten stattfindenden eine Wärmeentbindung. Die *Vermischung von Gasen dagegen* wird mitunter gar keine, meistens wohl eine geringe, aber, wie es scheint, noch nicht nachgewiesene Wärmeentbindung im Gefolge haben, welche im Allgemeinen bei Volumverminderung positiven, bei Volumvergrösserung negativen Werth hat.

Die Verbindungen nach veränderlichen, aber durch die jeweilige Temperatur begrenzten Verhältnissen finden unter Wärmebindung statt. Es betrifft diess die Lösung von solchen festen und flüssigen Körpern, welchen ein mit der Temperatur wachsendes Löslichkeitsmaximum zu-

---

[1]) Kopp's theoret. Chemie 1863, S. 209.

[2]) Siehe das Nähere: bezüglich der wässerigen Salzsäure Roscoe und Dittmar, Jahresber. für Chemie f. 1859, 103; bezüglich der wässerigen Salpetersäure Roscoe, Jahresber. für Chemie f. 1860, 63; bezüglich der wässerigen Bromwasserstoff-, Jodwasserstoff- und Fluorwasserstoffsäure daselbst 65; bezüglich der wässerigen Ameisensäure Roscoe, Jahresber. für Chemie f. 1862, 235; bezüglich der wässerigen Essigsäure daselbst 237.

kommt. Die durch Temperatur und Druck beschränkte *Absorption von Gasen dagegen* findet bei merklicher Anziehung zwischen Gas- und Flüssigkeitsmolecülen unter Wärmeentbindung statt.

Hieraus leitet sich folgendes zusammenfassende für Molecülverbindungen allgemeingiltige Ergebniss ab: *Eine Wärmeentbindung tritt ein, wenn Molecülverbindungen durch überwiegende oder bei überwiegender Anziehung der vorher getrennten Molecüle zu Stande kommen; dagegen erfolgt eine Wärmebindung, wenn die Bewegungszustände der Molecüle eine unumgängliche Bedingung für deren Vermischung sind.*

Beobachtungsergebnisse über Wärmewirkungen bei entsprechenden Umsetzungen.

Die umfassendsten Beobachtungen, welche über Wärmewirkungen bei chemischen Vorgängen vorliegen, betreffen neben den Energiedifferenzen zwischen Basen und Säuren und den daraus entstehenden Salzen hauptsächlich die Energiedifferenzen zwischen verbrennlichen Körpern und ihren Verbrennungsproducten bei gewöhnlicher Temperatur. Diese beobachteten Energiedifferenzen schliessen in den meisten Fällen die Wirkungen der in den vorstehenden Capiteln erörterten Einflüsse in sich. Man ist desshalb nicht berechtigt, sie ohne Weiteres als Maass für die chemische Verwandtschaft zu betrachten, wie man diess öfter gethan hat. Sollen aus den beobachteten Wärmewirkungen Zahlen abgeleitet werden, welche sich nur auf Trennung und Vereinigung von Molecülbestandtheilen beziehen, so ist für den Fall, dass die vor und nach der Umsetzung vorhandenen Körper im vollkommenen Gaszustande gegeben sind, nur die Wärmeentwickelung durch Aenderung der Molecülzahl in Abzug zu bringen. Befinden sich dagegen die vor und nach der Umsetzung vorhandenen Körper nicht im vollkommenen Gaszustande, so ist ausserdem noch der meist bedeutende Einfluss des molecularen Zustandes in Betracht zu ziehen, nämlich die Wärmemengen, welche sowohl die vor der Umsetzung als auch die nach der Umsetzung vorhandenen Körper zur Ueberführung in den vollkommenen Gaszustand bedürfen. Nun sind aber diese Wärmemengen nicht durch theoretische Betrachtungen ableitbar, wie diess für die Wärmeentwickelung durch Aenderung der Molecülzahl der Fall ist, sondern dieselben sind erst durch geeignete Versuche zu bestimmen. Da nun die experimentellen Anhaltspunkte zu derartigen auch nur annähernden Bestimmungen erst für sehr wenige Körper vorliegen, so muss man vorläufig darauf verzichten, aus beobachteten Energiedifferenzen zwischen sich umsetzenden Körpern und den Umsetzungsproducten die von den Atomwirkungen herrührenden Wärmeentwickelungen abzuleiten und die Gesetzmässigkeiten mit Sicherheit aufzufinden, welche hinsichtlich dieser Wärmeentwickelungen für chemisch sich nahestehende Körper zu erwarten sind.

Da, wo man Grund hat, die Molecularverhältnisse verschiedener Körper als vergleichbar vorauszusetzen, lassen sich — nach Abrechnung des Einflusses der Aenderung der Molecülzahl oder auch, wenn dieser relativ unbedeutend ist, mit Vernachlässigung desselben — die beobachteten Energiedifferenzen, besonders wenn es sich um Unterschiede derselben handelt, als erste Annäherung für die durch die Wirkung der Anziehung der Atome hervorgebrachten Wärmeentwickelungen auffassen. Es lässt sich so wenigstens ein ungefähres Urtheil über die Beziehungen der bei entsprechenden Umsetzungen chemisch vergleichbarer Körper stattfindenden Wärmeentwickelungen gewinnen, natürlich unter dem Vorbehalt, dass die über die Molecularverhältnisse gemachten Voraussetzungen auch wirklich zutreffen.

Es bedarf wohl kaum des näheren Hinweises, dass die für praktische Zwecke vorzugsweise maassgebenden, der Beobachtung entnommenen Energiedifferenzen in der Regel die Wirkungen sehr verschiedenartiger Ursachen in sich schliessen.

a) Wärmewirkungen bei der Bildung von Salzen [1].

In der Tabelle auf folgender Seite sind die Wärmemengen angegeben, welche man für die Vereinigung äquivalenter Gewichte verschiedener Basen mit Säuren zu (meistens gelösten) neutralen Salzen beobachtet hat. Um die Einflüsse der Bildung von Molecülverbindungen auf die Wärmeentwickelung möglichst auszuschliessen oder wenigstens möglichst gleiche Molecularverhältnisse herzustellen, wurden so verdünnte Lösungen der Säure und der Base, falls auch diese löslich war, angewandt, dass ein weiterer Zusatz von Wasser keine Wärmeentbindung mehr hervorbrachte (vgl. S. 106). Es entwickelten unter diesen Umständen die nachverzeichneten Gewichtstheile der wasserfrei gedachten Basen bei ihrer Neutralisation durch die angeführten Säuren die unter diesen in der Horizontalreihe der betreffenden Base in Wärmeeinheiten aufgeführten Wärmemengen.

---

[1] Vgl. Kopp's theoret. Chemie 1863, S. 242.

B a s e n.	Schwefel-säure.	Salpeter-säure.	Salzsäure.	Essigsäure.
47,1 Kali	16 083	15 510	15 656	13 973
31 Natron	15 810	15 283	15 128	13 600
26 Ammoniumoxyd . .	14 690	13 676	13 536	12 649
76,5 Baryt	—	15 360	15 306	13 262
28 Kalk	—	16 943	16 982	14 675
20 Magnesia	14 440	12 840	13 220	12 270
35,5 Manganoxydul . . .	12 075	10 850	11 235	9 982
40,6 Zinkoxyd	10 455	8 323	8 307	7 720
64 Cadmiumoxyd . . .	10 240	8 116	8 109	7 546
39,7 Kupferoxyd	7 720	6 400	6 416	5 264
37,5 Nickeloxydul	11 932	10 450	10 412	9 245
37,5 Kobaltoxydul	11 780	9 956	10 374	9 272
111,5 Bleioxyd	—	9 240	—	7 168
116 Silberoxyd	—	6 206	—	?

Nach vorstehender Tabelle ergibt sich der Unterschied in der Wärmeentwickelung, welchen zwei verschiedene Basen bei der Vereinigung mit derselben Säure zeigen, auch für ihre Vereinigung mit derselben anderen Säure; und der Unterschied in der Wärmeentwickelung, welchen zwei verschiedene Säuren bei der Vereinigung mit derselben Base zeigen, ergibt sich auch für ihre Vereinigung mit derselben anderen Base. Dabei ist aber stets vorausgesetzt, dass die sich bildenden Salze gelöst bleiben.

Die Bildung eines unlöslichen Salzes ist von vermehrter Wärmeentwickelung begleitet. Mit Salpetersäure und mit Salzsäure entwickelt bei der Bildung löslicher Salze dieselbe Base nahezu dieselbe Wärmemenge. Aber 116 Gewichtstheile Silberoxyd entwickeln bei der Einwirkung von wässeriger Salpetersäure, wo sich ein in dem vorhandenen Wasser gelöstes Salz bildet, 6206 Wärmeeinheiten; dagegen bei der Einwirkung von Salzsäure, wo sich unlösliches Chlorsilber bildet, die viel grössere Wärmemenge von 22 968 Wärmeeinheiten.

b) Wärmewirkungen bei Verbrennungen [1].

Einige empirische Regelmässigkeiten, welche die auf die Moleculargewichte bezogenen Verbrennungswärmen, d. h. die Energiedifferenzen

----

[1] Um eine Vorstellung von der Genauigkeit der Versuche über Verbrennungswärmen zu geben, sei erwähnt, dass Favre und Silbermann (Ann. chim. phys. [3] XXXIV, 399) die Energiedifferenz zwischen 9 Gewichtstheilen flüssigem Wasser von gewöhnlicher Temperatur und den es bildenden Mengen von Wasserstoff und Sauerstoff von derselben Temperatur durch 6 Versuche bestimmt haben zu 34540, 34413, 34461, 34576, 34340, 34442, im Mittel also zu 34462 Wärmeeinheiten. Die grösste Abw...

zwischen einem Molecül des verbrennlichen Körpers und den Verbrennungsproducten bei gewöhnlicher Temperatur, von homologen, polymeren und metameren Körpern zeigen, sind durch folgende Zusammenstellungen [1]) kurz angedeutet.

Homologe Verbindungen.

Namen.	Zusammensetzung.	Verbrennungswärme des Molecüls.	Unterschied in der Zusammensetzung.	Unterschied der Verbrennungswärmen.
Aethylen	C_2H_4	334 000		
Amylen	C_5H_{10}	804 000	3 . CH_2	3 . 156 700
Ceten	$C_{16}H_{32}$	2 490 000	11 . CH_2	11 . 153 300
Methylalkohol	CH_4O	170 000		
Aethylalkohol	C_2H_6O	321 000	CH_2	151 000
Amylalkohol	$C_5H_{12}O$	788 000	3 . CH_2	3 . 155 600
Cetylalkohol	$C_{16}H_{34}O$	2 565 000	11 . CH_2	11 . 161 500
Ameisensäure	CH_2O_2	96 000		
Essigsäure	$C_2H_4O_2$	· 210 000	CH_2	114 000
Buttersäure	$C_4H_8O_2$	497 000	2 . CH_2	2 . 143 500
Valeriansäure	$C_5H_{10}O_2$	657 000	CH_2	160 000
Palmitinsäure	$C_{16}H_{32}O_2$	2 385 000	11 . CH_2	11 . 157 000
Essigsaures Methyl . . .	$C_2H_3O_2 . CH_3$	395 000		
„ Aethyl . . .	$C_2H_3O_2 . C_2H_5$	554 000	CH_2	159 000
„ Amyl	$C_2H_3O_2 . C_5H_{11}$	1 036 000	3 . CH_2	3 . 160 700
Valeriansaures Methyl .	$C_5H_9O_2 . CH_3$	856 000		
„ Aethyl .	$C_5H_9O_2 . C_2H_5$	1 018 000	CH_2	162 000
„ Amyl . .	$C_5H_9O_2 . C_5H_{11}$	1 469 000	3 . CH_2	3 . 150 300
Palmitinsaures Cetyl . .	$C_{16}H_{31}O_2 . C_{16}H_{33}$	4 964 000	22 . CH_2	22 . 158 000

chung vom Mittelwerth beträgt demnach 0,35 Proc. dieses Mittelwerths. Während also Favre und Silbermann die Verbrennungswärme von 1 Gewichtstheil Wasserstoff zu 34 462 Wärmeeinheiten bestimmten, fanden (nach Berthelot, Ann. chim. phys. (4) VI, 360) Dulong 34 743, Hess 34 792, Grassi 34 660, Andrews 33 808 Wärmeeinheiten. Als Mittel dieser fünf Bestimmungen verschiedener Forscher ergeben sich 34 533 Wärmeeinheiten, von welchem Mittel der am weitesten abstehende Werth von Andrews um 2,1 Proc., der nächstentferneste Werth von Hess doch nur um 0,75 Proc. abweicht.

· [1]) Diese meistens auf Beobachtungsergebnisse von Favre und Silbermann sich stützenden Zusammenstellungen folgen Berthelot, Ann. chim. phys. (4) VI, 341 bis 359.

Metamere Verbindungen.

N a m e n.	Zusammensetzung.	Verbrennungswärme des Molecüls.	Unterschied der Verbrennungswärmen.
Essigsäure	$C_2H_8O_2 . H$	210 000	42 000
Ameisensaures Methyl . . .	$CHO_2 . CH_3$	252 000	
Buttersäure	$C_4H_7O_2 . H$	497 000	56 000
Essigsaures Aethyl	$C_2H_3O_2 . C_2H_5$	553 000	
Capronsäure	$C_6H_{11}O_2 . H$	812 000	44 000
Valeriansaures Methyl . . .	$C_5H_9O_2 . CH_3$	856 000	

Nachfolgend sind die Unterschiede der auf Moleculargewichte bezogenen Verbrennungswärmen entsprechender, durch analoge Umwandlungen aus einander entstehender Glieder zweier verschiedenen homologen Reihen zusammengestellt. Dieselben ergeben sich aus der ersten Tabelle S. 113.

Verbrennungswärme des Methylalkohols minus derjenigen der Ameisensäure = 74 000
     „   „   Aethylalkohols   „   „   „   Essigsäure   = 111 000
     „   „   Amylalkohols   „   „   „   Valeriansäure = 131 000
     „   „   Cetylalkohols   „   „   „   Palmitinsäure = 180 000

Der Unterschied zwischen der Summe der Verbrennungswärmen der in einem Molecül einer kohlenstoff-, wasserstoff- und sauerstoff-, oder nur kohlenstoff- und wasserstoffhaltigen Verbindung enthaltenen Mengen der verbrennlichen Elemente und der Verbrennungswärme des Molecüls der betreffenden Verbindung liefert die Wärmeentwickelung, welche die in der betreffenden Verbindung enthaltenen Bestandtheile bei ihrer Vereinigung zu dieser Verbindung ergeben würden. So ergeben sich für die Bildung von Säuren und Kohlenwasserstoffen aus den Elementen folgende Werthe [1]):

Vorausgesetzter Vorgang	Wärmeentwickelung
$C + H_2 + O_2 = C H_2 O_2$, Ameisensäure	67 000
$C_2 + 2H_2 + O_2 = C_2 H_4 O_2$, Essigsäure	116 000
$C_5 + 5H_2 + O_2 = C_5 H_{10} O_2$, Valeriansäure. . . .	158 000
$C_{16} + 16H_2 + O_2 = C_{16} H_{32} O_2$, Palmitinsäure . . .	223 000
$C + 2H_2 = C H_4$, ...	22 000

---

[1]) Die Verbrennungswärme von 12 Gewichtstheilen freiem Kohlenstoff ist hierbei zu 94 000, diejenige von 1 Gewichtstheil Wasserstoff zu 34 500 Wärmeeinheiten gerechnet. Das Uebrige ergibt sich aus der ersten Tabelle S. 113.

Vorausgesetzter Vorgang $\qquad$ Wärmeentwickelung

$C_2 \;+\; 2\,H_2 \;=\; 2\,C_2\,H_4$ . . . . — 8 000
$C_5 \;+\; 5\,H_2 \;=\; 5\,C_5\,H_{10}$ 11 000
$C_{16} \;+\; 16\,H_2 \;=\; 16\,C_{16}\,H_{32}$ 118 000

Nachstehend sind ferner noch Unterschiede zwischen der Summe der Verbrennungswärmen der vor und derjenigen der nach chemischer Umsetzung vorhandenen Körper aufgeführt. Die betreffenden Körper enthalten nur Kohlenstoff und Wasserstoff oder Kohlenstoff, Wasserstoff und Sauerstoff, und die rechte Seite der Umsetzungsgleichungen bildet gewissermaassen nur eine Zwischenstation zwischen der linken Seite und ihren für beide Seiten identischen Verbrennungsproducten. Es stellen daher die aufgeführten Unterschiede zugleich die Differenzen zwischen der Energie der sich umsetzenden Körper und der Umsetzungsproducte bei gewöhnlicher Temperatur oder die bei dem betreffenden chemischen Vorgang stattfindende Gesammtwärmeentwickelung dar.

Berechnete Wärmeentwickelung bei Bildung zusammengesetzter Aether aus Säuren und Alkoholen und gemischter Aether aus zwei Alkoholen.

Chemischer Vorgang.	Wärmeentwickelung.
$C\,H_2\,O_2 + C\,H_4\,O = H_2O + C\,H\,O_2\,.\,C\,H_3$, ameisens. Methyl .	14 000
$C\,H_2\,O_2 + C_2\,H_6\,O = H_2O + C\,H\,O_2\,.\,C_2\,H_5$, ameisens. Aethyl .	26 000
$C_2\,H_4\,O_2 + C\,H_4\,O = H_2O + C_2\,H_3\,O_2\,.\,C\,H_3$, essigsaures Methyl	— 15 000
$C_2\,H_4\,O_2 + C_2\,H_6\,O = H_2O + C_2\,H_3\,O_2\,.\,C_2\,H_5$, essigsaures Aethyl	— 23 000
$C_4\,H_8\,O_2 + C\,H_4\,O = H_2O + C_4\,H_7\,O_2\,.\,C\,H_3$, buttersaures Methyl	— 27 000
$C_4\,H_8\,O_2 + C_2\,H_6\,O = H_2O + C_4\,H_7\,O_2\,.\,C_2\,H_5$, buttersaures Aethyl	— 5 000
$C_5\,H_{10}\,O_2 + C\,H_4\,O = H_2O + C_5\,H_9\,O_2\,.\,C\,H_3$, valerians. Methyl .	— 23 000
$C_5\,H_{10}\,O_2 + C_2\,H_6\,O = H_2O + C_5\,H_9\,O_2\,.\,C_2\,H_5$, valerians. Aethyl .	— 40 000
$C_2\,H_4\,O_2 + C_5\,H_{12}\,O = H_2O + C_2\,H_3\,O_2\,.\,C_5\,H_{11}$, essigsaures Amyl	— 40 000
$C_5\,H_{10}\,O_2 + C_5\,H_{12}\,O = H_2O + C_5\,H_9\,O_2\,.\,C_5\,H_{11}$, valeriansaures Amyl	— 24 000
$C_{16}\,H_{32}\,O_2 + C_{16}\,H_{34}\,O = H_2O + C_{16}\,H_{31}\,O_2\,.\,C_{16}\,H_{33}$, palmitinsaures Cetyl	— 14 000
$C_2\,H_6\,O + C_2\,H_6\,O = H_2O + \left.\begin{smallmatrix}C_2\,H_5\\C_2\,H_5\end{smallmatrix}\right\}\,O$, Aethyläther [1]	— 41 000
$C_2\,H_6\,O + C_5\,H_{12}\,O = H_2O + \left.\begin{smallmatrix}C_2\,H_5\\C_5\,H_{11}\end{smallmatrix}\right\}\,O$, Aethylamyläther [2] . . .	— 52 000

[1] Als auf das Moleculargewicht bezogene Verbrennungswärme des Aethyläthers ist die Zahl 683 000 angenommen, das Mittel der Bestimmungen von Favre und Silbermann 668 000 und von Dulong 698 000.

[2] Die auf das Moleculargewicht bezogene Verbrennungswärme des Aethylamyläthers beträgt nach Favre und Silbermann 1 161 000 Wärmeeinheiten.

Die in vorstehender Tabelle aufgeführten Zahlenwerthe für die Wärmeentwickelungen sind im Vergleich zu den aus der ersten Tabelle S. 113 zu entnehmenden Verbrennungswärmen, von welchen sie Differenzen darstellen, sehr gering. Da aber allen, mit alleiniger Ausnahme der die Bildung der Ameisensäureäther betreffenden, eine negative Bedeutung zukommt, so dürfen dieselben nicht auf Versuchsfehler zurückgeführt werden, sondern man muss schliessen, dass die betrachtete Bildung der Aether, ausgenommen beim Anfangsgliede der Reihe der fetten Säuren, mit einer geringen Wärmebindung verknüpft ist.

Was die Verbrennungswärmen stickstoffhaltiger Körper anlangt, so ist nur diejenige des Cyans bekannt, welche für das Molecül $(CN)_2$ nach Dulong 270 000 Wärmeeinheiten beträgt. Man kennt nun folgende Beziehungen:

Chemischer Vorgang.	Wärmeent-wickelung.	Unterschied.
$C_2N_2 + 2O_2 = 2CO_2 + N_2$	270 000	82 000
$C_2 + N_2 + 2O_2 = 2CO_2 + N_2$	188 000	

Es übertrifft also der Energieinhalt eines Molecüls Cyan denjenigen der es zusammensetzenden Elemente um 82 000 Wärmeeinheiten, oder bei der Bildung eines Molecüls Cyan aus den Elementen findet eine Bindung von 82 000 Wärmeeinheiten statt.

Auf den Energieinhalt des Stickoxyduls im Vergleich zu demjenigen seiner Bestandtheile lässt sich ebenfalls aus beobachteten Verbrennungserscheinungen ein Schluss ziehen. Man kennt nämlich folgende Beziehungen.

Chemischer Vorgang.	Wärmeent-wickelung.	Unterschied.
$C + 2N_2O = 2N_2 + CO_2$	134 000 [1])	40 000 [3])
$C + 2N_2 + O_2 = 2N_2 + CO_2$	94 000 [2])	

Es übertrifft mithin der Energieinhalt von $2N_2O$ denjenigen von $2N_2 + O_2$ um 40 000 Wärmeeinheiten oder bei der Bildung von 2 Mole-

---

[1]) Nach sechs Versuchen von Favre und Silbermann, Ann. chim. phys. [3] XXXVI, 10.

[2]) Vgl. S. 114 Anmerkung.

[3]) Beiläufig bemerkt hat, wie Würtz (Leçons de Philosophie chimique, Paris 1864) in Erinnerung brachte, die Beobachtung, dass Kohlenstoff beim Verbrennen in

cülen Stickoxydul aus den Elementen werden 40 000 Wärmeeinheiten gebunden.

In gleichem Sinne spricht das Ergebniss einer bei der Zersetzung von Stickoxydul durch Hitze in Stickstoff und Sauerstoff beobachteten Wärmewirkung:

Chemischer Vorgang.   Wärmeentwickelung.

$2\,N_2\,O = 2\,N_2 + O_2$ . . . . . 35 000 [1]).

Chemische Umsetzung durch sogenannte Wahlverwandtschaft [2]).

a) Umsetzung von Gasen.

Bei der Zersetzung eines Körpers durch Hitze hat man es nur mit ursprünglich gleichartigen Molecülen und mit ihren und ihrer Bestandtheile Bewegungszuständen zu thun; der störende Einfluss anderer Körper ist ausgeschlossen. Demgemäss konnte auch die Dissociation, eine früher räthselhafte chemische Erscheinung, als der bis jetzt einfachste Fall chemischer Umsetzung eingehender betrachtet werden, wobei Uebereinstimmung der theoretischen Folgerungen und der Beobachtungsergebnisse hervortrat. Verwickelter und mannigfacher gestalten sich die Verhältnisse, wenn es sich um die Wechselwirkung zweier Körper han-

---

Stickoxydul mehr Wärme liefert als beim Verbrennen in Sauerstoff Favre und Silbermann (Compt. rend. 1846, XXIII, 200) zuerst auf den Gedanken gebracht, dass der Sauerstoff eine Verbindung von Sauerstoff mit Sauerstoff sei, oder wie man jetzt sich ausdrücken würde, dass das Molecül Sauerstoff aus 2 Atomen bestehe und dass die Trennung des Sauerstoffs vom Sauerstoff mehr Wärme erfordere als die Trennung des Sauerstoffs vom Stickstoff im Stickoxydul. Bekanntlich kam Clausius (Pogg. Ann. 1857, C, 369) durch Betrachtungen über Volumenverhältnisse der Gase zu dem Schluss, dass auch schon in den einfachen Stoffen mehrere Atome zu einem Molecül verbunden sind. Diese Uebereinstimmung der Schlussfolgerungen aus verschiedenen physikalischen Beobachtungen unter sich und mit den aus rein chemischen Thatsachen ableitbaren Anschauungen der Chemiker über die Constitution der elementaren Molecüle spricht um so mehr für deren Richtigkeit, je verschiedenartiger die Wege sind, auf denen man zu diesem Ergebnisse gelangte. Auch hier weist die Erkenntniss, dass die Physik auf einem besonders für die Chemie wichtigen Gebiete um einen Schritt vorausgeeilt war, darauf hin, wie fruchtbringend eine eingehendere Berücksichtigung der gegenseitigen Ergebnisse sein könne.

[1]) Nach einem Versuche von Favre und Silbermann, Ann. chim. phys. [3] XXXVI, 14.

[2]) Benutzt wurden die Beiträge zur chemischen Statik von Pfaundler, Pogg. Ann. CXXXI, 66 bis 84.

delt. Um für die folgenden Betrachtungen von möglichst einfachen Umständen auszugehen, denke man sich einen Körper von zwei gleichartigen näheren Bestandtheilen, dessen Molecül durch AA bezeichnet sei, wo A ein elementares Atom oder auch eine Atomgruppe vorstellt, welche freie Verwandtschaftseinheiten bietet, wie etwa das im Molecül der Untersalpetersäure, N_2O_4, enthaltene zusammengesetzte Atom NO_2.. Sobald bei steigender Temperatur die Atomtemperatur irgend eines Molecüls die Zersetzungstemperatur erreicht hat, wird das Molecül in seine Bestandtheile A und A zerfallen, und zwar allein durch den Bewegungszustand derselben. Wirkt von aussen auf AA eine trennende Kraft, so muss die Spaltung schon bei niedrigerer Temperatur eintreten. Eine solche trennende Kraft wird aber schon durch die Berührung eines Molecüls AA mit einem anderen Molecül AA von gleicher Atomtemperatur eingeführt, da ja dessen Bestandtheile auf die des ersteren eine Anziehung ausüben. Es werden sich dann die zwei bei der Berührung beider Molecüle zunächst stehenden Atome aus je einem Molecül mit einander vereinigen. Die beiden anderen Atome werden je nach Umständen sich entweder ebenfalls sofort zu einem Molecül verbinden oder einzeln als selbständige Molecüle sich so lange bewegen, bis sie sich zufällig treffen. Dann muss die Vereinigung eintreten, wenn ihre lebendige Kraft durch andere Einflüsse unterdess keinen solchen Zuwachs erlitten hat, dass dieselbe jetzt der Zersetzungstemperatur eines Molecüls AA für sich oder einer noch höheren Temperatur entspricht. Da nun ein Gas aus zahlreichen häufig zusammenstossenden Molecülen besteht, so muss schon unterhalb der Temperatur, bei welcher ein einzelnes Molecül für sich in seine Atome zerfallen würde, ein fortwährender Austausch der Molecülbestandtheile statthaben. Diese Umsetzungstemperaturen gleichartiger Molecüle liegen also unterhalb der Zersetzungstemperatur. Sind die Atome des Molecüls AA mehrwerthig, etwa zweiwerthig, so erscheint unter gewissen Bewegungsverhältnissen auch die Bildung von Molecülen AAA möglich, wofür die Entstehung des Ozons, O_3, aus Sauerstoff, O_2, einen Beleg bietet.

Setzt man nun zwei verschiedene Körper AA und BB zunächst von gleicher Zersetzungstemperatur voraus, so werden die eben geschilderten Vorgänge jetzt auch zwischen ungleichartigen Molecülen sich vollziehen. Es bildet dann das Gas ein Gemisch von Molecülen AA, BB, AB und auch A und B und zwar treten die beiden letzten in um so grösserer relativer Menge auf, je mehr sich die herrschende Mitteltemperatur der Zersetzungtemperatur nähert.

Das jeder Mitteltemperatur entsprechende ganz bestimmte Mengenverhältniss dieser verschiedenartigen Molecüle stellt aber nur ein bewegliches Gleichgewicht dar. Denn wenn auch für eine gegebene Temperatur die Gesammtsummen der lebendigen Kräfte der Bewegungen, sowohl der Molecüle als auch der Atome, constant sind und in einem constanten Verhältnisse stehen, so sind doch diese Gesammtsummen auf die verschiedenen Molecüle und die Atome verschiedener Molecüle nicht nur sehr ungleich vertheilt, sondern es wird auch ferner durch die zahlreichen Zusammenstösse ein beständiger Wechsel dieser Vertheilung bedingt.

Sind die Zersetzungstemperaturen der beiden Körper AA und BB verschieden, so treten ähnliche Verhältnisse ein. Es liegt die Umsetzungstemperatur jedenfalls unter der Zersetzungstemperatur des am schwierigsten zersetzbaren Körpers AA. Uebersteigt dieselbe die Zersetzungstemperatur des leichter zersetzbaren Körpers BB, so findet die Umsetzung vorwiegend zwischen Molecülen AA und B statt, so dass auch durch diese Umsetzung Molecüle A entstehen, welche sich dann entweder mit Molecülen B zu Molecülen AB oder unter einander zu Molecülen AA vereinigen. Natürlich kommt auch hierfür das Mengenverhältniss der ursprünglich vorhandenen Körper in Betracht. Liegt die Umsetzungstemperatur unter der Temperatur des leichter zersetzbaren Körpers, so finden, wenn die Mitteltemperatur sich ihr steigend nähert, zunächst fast ausschliesslich Umsetzungen statt zwischen Molecülen AA und BB zu Molecülen AB, bis die letzteren so zahlreich geworden sind, dass durch ihre Spaltung und Umsetzung in beträchtlicher Menge Molecüle A und B entstehen und Molecüle AA und BB sich zurückbilden. Bei sehr starker Anziehung der Atome A und B und nicht sehr verschiedenen Zersetzungstemperaturen der Molecüle AA und BB für sich bilden sich schon bedeutend unterhalb der letzteren vorwiegend Molecüle AB. — Finden sich unter den Molecülbestandtheilen mehrwerthige, so wird die Zahl der möglichen Fälle noch grösser.

Nimmt man auch die Bestandtheile der verschiedenartigen Molecüle als ungleichartig an, setzt man also Molecüle AB und CD voraus, so ergibt sich die Möglichkeit des Vorhandenseins von Molecülen AB, CD, AC, BD, AD, BC, AA, BB, CC, DD, A, B, C, D. In welcher relativen Menge diese Molecüle auftreten, diess hängt ausser von dem Mengenverhältnisse der ursprünglich gegebenen Körper von den Anziehungen zwischen den vorhandenen Molecülbestandtheilen und ferner von den Bewegungszuständen der Molecüle und ihrer Bestandtheile, d. h. von der jeweiligen Mitteltemperatur ab, durch welche unter sonst gleichen Umständen ein bestimmtes bewegliches Gleichgewicht bedingt wird. Auch die Bildung von Molecülverbindungen (AB . CD), (AC . BD) u. s. w. ist nicht ausgeschlossen. Im Allgemeinen treten, wie die Erfahrung lehrt, von den verschiedenen möglichen Molecülarten unter gegebenen Umständen die meisten in verschwindend kleiner Menge auf; diejenigen wohl in der relativ grössten Menge, deren Zersetzungstemperatur am höchsten liegt. — Durch mehrwerthige Molecülbestandtheile wird die Zahl der möglicherweise entstehenden Molecülarten noch vergrössert.

Die gegebenen kurzen Andeutungen über die Einwirkung verschiedener Molecüle auf einander können gleichwohl als Ausgangspunkt dienen für die Erklärung einiger bekannten chemischen Erscheinungen. Nach Vorstehendem entsteht durch die Wechselwirkung der Molecüle

ein für jede Temperatur constantes Mengenverhältniss der verschiedenartigen möglichen Molecüle. Es ist somit die Vollendung einer Umsetzung in gewisser Richtung nicht möglich, wenn die auf einander einwirkenden Körper und die Umsetzungproducte dem
Gaszustande angehören. So ist nach Versuchen von Bunsen[1] — welche
auf der Voraussetzung fussen, dass nach der Einwirkung von Sauerstoff auf
Kohlenoxyd nur die Molecüle CO_2, CO und O_2, und nach der Einwirkung von
Sauerstoff auf Wasserstoff nur die Molecüle H_2O, H_2 und O_2 bestehen —
in einem ursprünglichen Gemische von Kohlenoxyd oder von Wasserstoff
mit Sauerstoff in dem Verhältniss, in welchem sich dieselben zu Kohlensäure oder zu Wasser vereinigen, bei etwa 2000^0 die Hälfte, gegen 3000^0
nur ein Drittel des brennbaren Gases, des Kohlenoxyds oder des Wasserstoffs, mit Sauerstoff verbunden. Diese Zunahme der mit Sauerstoff zu
Kohlensäure oder Wasser verbundenen Kohlenoxydmenge oder Wasserstoff-
menge bei Erniedrigung der Temperatur von 3000^0 auf 2000^0 deutet
darauf hin, dass sowohl die Atomtemperatur, bei welcher Kohlensäure sich
in Kohlenoxyd und Sauerstoff, als auch die Atomtemperatur, bei welcher
Wassergas sich in Wasserstoff und Sauerstoff umsetzt, unterhalb 3000^0 liegt.

Anders verhält es sich aber, wenn ein Umsetzungsproduct den
fortwährend stattfindenden, wenn auch bei gleichbleibender Temperatur
sich gegenseitig aufhebenden Umsetzungen entzogen wird, etwa dadurch, dass es sich in flüssiger oder fester Gestalt ausscheidet. So sei
das durch die gegenseitige Einwirkung einer gleichen Anzahl von Molecülen AB und CD entstehende Umsetzungsproduct AC fest. Es wird
dann durch seine Ausscheidung das sonst entstehende Gleichgewichtsverhältniss nicht zu Stande kommen und dadurch zu stets erneuter Bildung von fortwährend sich ausscheidenden Molecülen AC in dem rück-
bleibenden Gasgemische Veranlassung gegeben, bis die Möglichkeit der
Bildung von Molecülen AC erschöpft ist, d. h. bis man als Umsetzungsproducte nur Molecüle AC (in fester Form) und BD (in Gasform) hat.
Nach den vorhin angeführten Versuchen von Bunsen zeigt ein ursprüngliches Gemenge von Kohlenoxyd und Sauerstoff in dem Verhältniss
$4CO : 2O_2$ bei 2000^0 eine Zusammensetzung, welche durch das Verhältniss $2CO_2 : 2CO : O_2$ ausgedrückt ist. Wird diesem Gemisch, indem
man die Temperatur auf 2000^0 erhält, durch irgend welche Mittel nur
Kohlensäure entzogen, so muss sich das angegebene Verhältniss wieder
herstellen durch weitere Vereinigung von Kohlenoxyd mit Sauerstoff.
Fortdauernde Wegnahme der gebildeten Kohlensäure muss die vollständige allmälige Vereinigung des Kohlenoxyds und des Sauerstoffs zu Kohlensäure bewirken. Dasselbe würde auf gleiche Weise auch bei 3000^0 zu
erreichen sein, bei welcher Temperatur ja ein Drittel des Kohlenoxyds in
der Form von Kohlensäure auftritt. Es kann demnach die vollständige
Vereinigung von Kohlenoxyd und Sauerstoff zu Kohlensäure durch Weg-

---

[1] Pogg. Ann. CXXXI, 171; Jahresber. für Chemie f. 1867, 41.

nahme des Umsetzungsproducts bei einer Mitteltemperatur bewerkstelligt werden, welche ohne Zweifel die Atomtemperatur überragt, bei welcher die Kohlensäure sich wieder in Kohlenoxyd und Sauerstoff spaltet. Selbstverständlich liegt dieser Möglichkeit der Umstand zu Grunde, dass nicht alle Molecüle in ihren Atomtemperaturen die Mitteltemperatur 3000^0 erreichen und überschreiten, sondern dass nach den erwähnten Versuchen etwa ein Drittel derselben unter der Zersetzungstemperatur der Kohlensäure bleibt.

Ist bei der Entfernung des Umsetzungsproducts $A\,C$ aus den Körpern $A\,B$ und $C\,D$ die constant erhaltene Mitteltemperatur gleich der Umsetzungstemperatur und liegt diese beträchtlich unterhalb der Zersetzungstemperatur des am leichtesten spaltbaren Körpers, so wird sich die Umsetzung, da stets die Hälfte der Molecüle die Umsetzungstemperatur überschritten hat, rasch und wohl fast ausschliesslich auf dem Wege $A\,B + C\,D = A\,C + B\,D$ vollenden. Bleibt aber die Mitteltemperatur unter der Umsetzungstemperatur zurück, so werden sich in einer gegebenen Zeit nur solche Molecüle nach vorstehender Gleichung umsetzen, welche in ihrer Atomtemperatur die Umsetzungstemperatur erreicht oder überschritten haben. Da diess aber stets nur ein von der herrschenden Mitteltemperatur abhängiger Bruchtheil der vorhandenen Molecüle ist, so wird die Umsetzung in Molecüle $A\,C$ und $B\,D$ erst nach einer beträchtlicheren Zeitdauer vollendet sein, die um so grösser ist, je mehr die Mitteltemperatur unter der Atomtemperatur zurückbleibt. Es ist dann auch für anderweitige Bildung von $A\,C$ mehr Zeit gegeben. Bleibt die Mitteltemperatur so weit unter der Umsetzungstemperatur, dass keine oder richtiger gesagt nur verschwindend wenige Molecüle diese letztere erreichen, so vollzieht sich die Umsetzung überhaupt nicht oder, was hier dasselbe heisst, erst in unendlich langer Zeit.

Aus den vorstehenden Betrachtungen erhellt zugleich, dass sich dieselbe chemische Umsetzung durch die Beseitigung von Umsetzungsproducten bei sehr verschiedenen Temperaturen vollenden kann: einerseits unterhalb der Minimalumsetzungstemperatur der auf einander einwirkenden Körper, wenn die Mitteltemperatur nur so hoch liegt, dass ein merklicher Bruchtheil der Molecüle in den Atomtemperaturen die Minimalumsetzungstemperatur überschreitet; andererseits oberhalb der Zersetzungstemperatur des fortwährend zu beseitigenden Umsetzungsproducts, wenn die Mitteltemperatur dieselbe nur so weit überschreitet, dass ein merklicher Bruchtheil der Molecüle in den Atomtemperaturen unter dieser Zersetzungstemperatur bleibt. In dem ganzen zwischen diesen beiden Grenzen begriffenen Temperaturintervall findet gegenseitige Einwirkung der betreffenden Körper statt, die sich vollständig vollzieht, wenn man die Umsetzungsproducte alle oder zum Theil entfernt.

Es ergibt sich hieraus die vorläufig nicht zu überwindende Schwierigkeit der genauen Bestimmung von Minimalumsetzungstemperaturen, welche von grosser Bedeutung für die theoretische Chemie sind. Dieselben liegen jedenfalls oberhalb derjenigen (Mittel-) Tempera-

tur, bei welcher unter allmäligem Erhitzen die Wechselwirkung der in
Berührung befindlichen Körper beginnt, da diese schon eingeleitet wird,
wenn nur ein Theil der Molecüle in den Atomtemperaturen die Minimalumsetzungstemperatur erreicht oder überschritten hat. Man ist mithin
nicht berechtigt, die Temperatur des Beginnes der chemischen Umsetzung
und die Minimalumsetzungstemperatur zu identificiren, wie diess gewöhnlich geschieht. Für die früher betrachteten dissociationsfähigen Körper
führten Dampfdichtebestimmungen zur Ermittelung der Minimalzer-
setzungstemperaturen. Es war als solche diejenige Temperatur anzusehen, bei welcher 50 Proc. der erhitzten Verbindung zersetzt waren.
Bei der Ermittelung von Minimalumsetzungstemperaturen führt ein ähnliches Verfahren nicht zum Ziel. Während nämlich für dissociationsfähige Körper, weil deren Zersetzung stets unter Wärmebindung vor sich
geht, die Temperaturen stufenweise erhöht und jede beliebige Temperatur festgehalten werden kann, ist diess nicht möglich bei der gegenseitigen Einwirkung mehrerer Körper. Wenn, wie diess bei den in Betracht
kommenden Umsetzungen gewöhnlich der Fall ist, die Minimalumsetzungstemperatur unter den Zersetzungstemperaturen der einzelnen Körper
liegt, so wird bei der chemischen Umsetzung Wärme frei und folglich
nach Einleitung der Umsetzung durch allmälige Steigerung der Temperatur letztere durch die freiwerdende Verbindungswärme fernerhin erhöht und daher die Umsetzung soweit vollendet, als es die Zersetzungs-
und Umsetzungstemperaturen der Umsetzungsproducte gestatten.

b) Umsetzung von Flüssigkeiten.

Aus ganz entsprechenden Gründen, aus welchen sich in einer Flüssigkeit, wie oben S. 76 auseinandergesetzt wurde, ausser den gewöhnlich
ausschliesslich in ihr angenommenen Körpern auch Zersetzungsproducte
der letzteren befinden, bilden sich gleichfalls Umsetzungsproducte derselben [1]). Die in den meisten Fällen grosse Zahl theoretisch denkbarer
Producte wird aber in Wirklichkeit beschränkt durch die Verschiedenheit der Minimalumsetzungstemperaturen, deren Ueberschreitung durch
einen merklichen Antheil der Molecüle die Bedingung für das Entstehen
und Bestehen der durch Umsetzung denkbaren Körper bildet.

Die Erfahrung liefert zahlreiche Belege für die Richtigkeit dieser
Anschauung. Bei der gegenseitigen Einwirkung zweier oder mehrerer
Körper in flüssiger Form, also von Körpern in Lösung, Mischung oder
Absorption, deren Umsetzungsproducte ebenfalls flüssig sind oder gelöst
bleiben, ist es eine bekannte Erscheinung, dass sich die nämliche Umsetzung in geschlossenen Röhren bei verschiedenen Temperaturen
bewerkstelligen lässt, dass solche aber bis zu einem gewissen

---

[1]) Bei dieser Gelegenheit sei noch besonders hervorgehoben, dass ein chemischer
Vorgang als Zersetzung aufzufassen ist, wenn für dessen Formulirung nur ein
Molecül, dagegen als Umsetzung, wenn hierfür zwei oder mehrere gleich-
artige oder ungleichartige Molecüle erfordert werden.

Grade um so rascher verläuft, je höher die Temperatur ist, d. h. je näher dieselbe der (Minimal-) Umsetzungstemperatur steht. Es wird die letztere dann in derselben Zeit von einem grösseren Bruchtheil der auf einander einwirkenden Molecüle überschritten. Die Beobachtung hat ferner häufig gezeigt, dass derartige Umsetzungen keine vollständigen sind, und somit das Ergebniss theoretischer Betrachtung bestätigt, welche für jede Temperatur einen bestimmten Gleichgewichtszustand zwischen einer Umsetzung und der entgegengesetzten verlangt. Die Erfahrungen bei der gegenseitigen Einwirkung zwischen Säuren und Alkoholen unter Bildung von Aethern, zwischen Brom und flüssigen organischen Verbindungen unter Bildung von Substitutionsproducten können als Belege dienen. Unter sonst vergleichbaren Verhältnissen wird eine solche Umsetzung um so weiter von der Vollendung abstehen, je näher sich die Temperaturen der Umsetzung und Rückumsetzung liegen. Uebrigens wird durch Annäherung der Mitteltemperatur an die Minimalumsetzungstemperatur, gleichwie bei Gasen, die Umsetzung weiter greifen, und durch die Entfernung von Umsetzungsproducten kann die Umsetzung von Flüssigkeiten ebenfalls vollendet werden. So habe ich bei der Darstellung des Monobromacetylbromids aus Brom und Acetylchlorid nach einem schon früher von mir [1]) beschriebenen Verfahren, wobei die Einwirkung vorzugsweise nach der Gleichung

$$C_2 H_3 O . Cl + Br_2 = C_2 H_2 Br O . Br + H Cl$$

in einer mit umgekehrtem Kühlapparat verbundenen Retorte stattfindet, die Beobachtung gemacht, dass die Einwirkung rascher und rascher verläuft in dem Maasse, in .welchem die Bildung von Monobromacetylbromid fortschreitet und dadurch die Temperatur des zur möglichsten Entfernung des gebildeten Chlorwasserstoffs in gelindem Sieden erhaltenen Retorteninhalts allmälig steigt.

Was die Bestimmung der Minimalumsetzungstemperaturen bei Flüssigkeiten anbelangt, so gilt dasselbe, was hinsichtlich der Minimalumsetzungstemperaturen bei Gasen erörtert wurde.

Auf die physikalischen Eigenschaften von Flüssigkeiten äussert das Bestehen von Umsetzungsproducten einen entsprechenden Einfluss, wie das in dieser Beziehung S. 77 betrachtete Vorhandensein von Zersetzungsproducten.

c) Sogenannte und eigentliche Massenwirkungen.

Nach den seitherigen Erörterungen über die chemische Wechselwirkung verschiedener Körper finden auch diejenigen chemischen Erscheinungen ihre leichte Erklärung, welche man als Massenwirkungen zu bezeichnen pflegt. Wenn bei einer bestimmten Temperatur eine gewisse chemische Umsetzung und die entgegengesetzte statthaben, so lässt sich nach den S. 120 angestellten Betrachtungen die eine oder die andere vollenden, je nachdem man Producte der einen oder der anderen ent-

---

[1]) Ann. d. Chem. u. Pharm. CXXIX, 260; Jahresber. für Chemie f. 1864, 321.

fernt. Ein bekanntes Beispiel ist die Reduction des Oxyds eines Metalls
durch Wasserstoff und die Oxydation desselben Metalls durch Wasserdampf bei derselben Temperatur. Im ersteren Falle strömt über das
Metalloxyd ein Ueberschuss von Wasserstoff weg, welcher das gebildete
Wasser fortwährend entfernt und so der Rückumsetzung entzieht. Im
zweiten Falle strömt über das Metall ein Ueberschuss von Wasserdampf,
welcher den ausgeschiedenen Wasserstoff mit sich führt und ihn vor erneuter
Oxydation durch das gebildete Metalloxyd bewahrt. Da die Vollendung
der Umsetzung in der ersteren Richtung unter sonst gleichen Umständen bei einem Ueberschusse von Wasserstoff, diejenige in dem entgegengesetzten Sinne bei einem Ueberschusse von Wasserdampf stattfindet, so
hat man diese reciproken Reactionen oder entgegengesetzten
Umsetzungen als Massenwirkungen bezeichnet. Ein Ueberschuss
des einen oder des anderen der in die angeführten Umsetzungen eintretenden Körper ist jedoch ganz unwesentlich für die Vollendung der
Reaction in einer gewissen Richtung. Auch wenn dieselben nur in den
Mengen vorhanden sind, in welchen sie in die Umsetzung eingehen,
würde der chemische Vorgang in dem einen oder in dem anderen Sinne
vollendet werden können, sobald durch irgend welche Mittel die Möglichkeit gegeben wäre, in dem einen Falle nur das sich bildende Wasser,
im anderen den gebildeten Wasserstoff der Einwirkung auf das Metall,
beziehungsweise auf das Metalloxyd, fortwährend zu entziehen. Nur
würde derselbe chemische Vorgang mit allmälig abnehmender Geschwindigkeit und also im Ganzen nicht so rasch verlaufen, wie wenn durch
einen Ueberschuss des einen der sich umsetzenden Körper die Molecüle
derselben häufiger in Berührung kommen.

Wie bei entgegengesetzten Umsetzungen die Entfernung eines Umsetzungsproducts eine weitere Bildung desselben veranlasst und also die
chemische Umsetzung in einer bestimmten Richtung fortschreiten macht,
so muss umgekehrt die Zufuhr desselben dieser Umsetzung entgegen-
wirken und die umgekehrte Umsetzung bis zu höherem Grade steigern.
Wirken die in gleicher Molecülzahl vorhandenen Körper AB und CD
aufeinander ein nach der Gleichung $AB + CD = AC + BD$ und ist
bei derselben constant erhaltenen Temperatur auch die umgekehrte Umsetzung möglich, so wird sich ein bestimmter Zustand des beweglichen
Gleichgewichts zwischen den Verbindungen AB, CD und AC, BD herstellen. Wird nun das Umsetzungsproduct AC durch Zufuhr von aussen vermehrt, so treffen jetzt häufiger als vorher die Molecüle BD mit
Molecülen AC zusammen und es erfolgt desshalb in grösserem Maassstabe die Umsetzung $AC + BD = AB + CD$, bis durch die so bewirkte Vermehrung von Molecülen AB und CD die beiden entgegengesetzten Umsetzungen wieder ins Gleichgewicht gekommen sind, dem aber
jetzt eine verhältnissmässig grössere Menge von Molecülen AB und CD
entspricht. Fände umgekehrt die Zuführung eines bei der ursprünglichen Umsetzung betheiligten Körpers im Ueberschusse statt, etwa die-

jenige von AB, so wird die Umsetzung $AB + CD = AC + BD$ wachsen, da die Molecüle CD jetzt häufiger auf Molecüle AB treffen, bis ein neuer Gleichgewichtszustand erreicht ist, dem aber jetzt eine verhältnissmässig grössere Menge von Molecülen AC und BD entspricht. Es ist aber für den schliesslich eintretenden beweglichen Gleichgewichtszustand einerlei, ob die Zufuhr eines Körpers im Ueberschusse erst nachträglich oder gleich anfänglich geschieht. *Ist daher bei entgegengesetzten Umsetzungen oder reciproken Reactionen irgend einer der sich umsetzenden oder aus der Umsetzung hervorgehenden Körper im Ueberschusse vorhanden, so wird diejenige Reaction, bei welcher derselbe als ein sich umsetzender betheiligt ist, im Vergleich zu derjenigen, aus welcher er als Umsetzungsproduct hervorgeht, eine verhältnissmässig vorwiegende werden.* Derartige Wirkungen eines Ueberschusses lassen sich als eigentliche Massenwirkungen bezeichnen, während nach S. 120 die wesentliche Bedingung für die Vollendung einer Umsetzung nur die Entfernung von Umsetzungsproducten ist, welche letztere mitunter auch durch den vorbeiströmenden Ueberschuss eines der sich umsetzenden Körper fortgeführt werden können, wie das vorhin erörterte Verhalten eines Metalls, beziehungsweise Metalloxyds, gegen darüber hinströmenden überschüssigen Wasserdampf, beziehungsweise Wasserstoff, zeigt.

Auf das eben abgeleitete Gesetz der eigentlichen Massenwirkung begründet sich das bei der Bereitung gewisser Umsetzungsproducte häufig angewandte Verfahren. Wenn man einen von zwei auf einander einwirkenden Körpern möglichst vollständig in das Umsetzungsproduct verwandeln will, so lässt man den anderen im Ueberschusse vorhanden sein. So bringt man z. B. zur Erzielung eines Bromsubstitutionsproducts eines organischen Körpers letzteren häufig mit überschüssigem Brom zusammen, wenn die Entstehung unerwünschter höherer Substitutionsproducte nicht zu befürchten ist, weil die Erfahrung unter diesen Umständen eine grössere Ausbeute an Substitutionsproduct im Vergleich zu der angewandten Menge des organischen Körpers ergeben hat.

In naheliegendem Zusammenhang mit den Ergebnissen seitheriger Betrachtungen stehen auch die Vorgänge bei der im Grossen üblichen Bereitungsweise des gewöhnlichen Aethers. Zu der in einem Kolben befindlichen Schwefelsäure fliesst bei einer Temperatur von 140^0 fortwährend Alkohol, während die Producte Aether und Wasser fortwährend abdestilliren. Die Aetherbildung erfolgt dabei nach den durch folgende Gleichungen ausgedrückten Umsetzungen

$$\left.\begin{array}{c} C_2H_5 \\ H \end{array}\right\}O \;+\; \left.\begin{array}{c} SO_2 \\ H_2 \end{array}\right\}O_2 \;=\; \left.\begin{array}{c} SO_2 \\ C_2H_5H \end{array}\right\}O_2 \;+\; \left.\begin{array}{c} H \\ H \end{array}\right\}O$$

Alkohol Schwefel- Aetherschwe- Wasser
     säure   felsäure

$$\left.\begin{matrix} C_2H_5 \\ H \end{matrix}\right\}O + \left.\begin{matrix} SO_2 \\ C_2H_5H \end{matrix}\right\}O_2 = \left.\begin{matrix} SO_2 \\ HH \end{matrix}\right\}O_2 + \left.\begin{matrix} C_2H_5 \\ C_2H_5 \end{matrix}\right\}O.$$

Alkohol   Aetherschwe-   Schwefel-   Aether
            felsäure   säure

Zufuhr von Aether und Wasser bei Wegnahme von Alkohol würde die Bildung stets neuer Mengen des letzteren, nach den entgegengesetzten Umsetzungen zur Folge haben, d. h. nach denjenigen, welche den von unten und rückwärts gelesenen Gleichungen entsprechen. Durch alleiniges Zusammenbringen von Alkohol und Schwefelsäure ohne Zufuhr und ohne Wegnahme irgend eines Körpers würden bei 140⁰ sämmtliche in obigen Gleichungen verzeichneten Körper in einem bestimmten beweglichen Gleichgewichtsverhältnisse entstehen, welches unter den vorbeschriebenen Umständen das einemal nach der einen, das anderemal nach der anderen Seite hin andauernd gestört wird.

Die Wärmewirkungen bei chemischen Vorgängen als Bedingungen des Verlaufs der letzteren [1]).

Nachdem seither der Einfluss der Temperatur, der Entfernung von Producten, des Mengenverhältnisses auf Eintritt und Verlauf der chemischen Vorgänge erörtert wurde, erübrigt es noch, deren Abhängigkeit von den stets mit ihnen verknüpften Wärmewirkungen kennen zu lernen.

Für chemische Vorgänge unter Wärmebindung könnte man den nöthigen Aufwand von Wärme aus zwei verschiedenen Quellen ableiten. Einmal ist es denkbar, dass die nöthige Wärmemenge aus der Masse der am Vorgang betheiligten Körper selbst genommen wird, wonach also die chemische Umwandlung unter Temperaturerniedrigung vor sich gehen muss. Zum anderen kann die erforderliche Wärme von aussen zugeführt werden. Erfahrungsmässig hat aber der erstere Fall, die chemische Umwandlung unter Temperaturerniedrigung, niemals für die eigentlich chemischen Verbindungen, die Atomverbindungen, statt. Bei Molecülverbindungen ist er, und zwar nur theilweise, für solche nach veränderlichen Verhältnissen beobachtet worden, welche ein flüssiges Product liefern. Ferner lässt sich hier die Wärmeabsorption bei der Volumvergrösserung unvollkommener Gase oder Gasgemische einreihen, soweit dieselbe nicht durch äussere Arbeit bedingt wird und insofern

---

[1]) Benutzt wurde Schröder van der Kolk, über die mechanische Energie der chemischen Wirkungen, Pogg. Ann. 1867, CXXXI, 277, 408; im Ausz. Jahresber. für Chemie f. 1867, 74.

man überhaupt unvollkommene Gase als Molecülverbindungen betrachten will. Daher findet erfahrungsmässig **Temperaturerniedrigung niemals bei Bildung von Verbindungen nach festen Verhältnissen** statt, seien diese nun Atom- oder Molecülverbindungen, sondern nur bei solchen Umwandlungen, für welche die Bewegungszustände der betheiligten Körper wesentlich mitbedingend sind, also bei Lösungen von festen Körpern oder von nicht in jedem Verhältnisse löslichen Flüssigkeiten (vgl. S. 106).

Alle übrigen mit einer Wärmebindung verknüpften chemischen Vorgänge sind dadurch bedingt, dass die erforderliche Wärme von aussen zugeführt wird bei einer (Mittel-) Temperatur, die mindestens so hoch ist, dass ein merklicher Bruchtheil der Molecüle die Zersetzungs- oder Umsetzungstemperatur überschreitet.

Nach einer allgemeinen — im **zweiten Hauptsatze**[1]) **der mechanischen Wärmetheorie** enthaltenen — Erfahrung kann die Umwandlung von Wärme in Arbeit nicht geschehen, ohne dass Wärme aus einem Körper von höherer Temperatur in einen solchen von niederer Temperatur übergeht. In entsprechender Weise findet nach Vorstehendem eine unter Wärmebindung vor sich gehende Bildung von chemischen Verbindungen nach festen Verhältnissen, oder mit anderen Worten die **Verwandlung von Wärme in chemische Spannkraft**[2]) nicht statt, ohne dass ebenfalls Wärme aus einem Körper von höherer Temperatur in einen solchen von niederer Temperatur übergeht.

Zufuhr und Aufnahme von Wärme erfordern immer einige Zeit. Schon desshalb können die unter Wärmebindung vor sich gehenden chemischen Umwandlungen sich nicht plötzlich vollziehen, auch wenn die sonstigen Bedingungen für eine Vollendung derselben erfüllt sind, sondern beanspruchen eine beträchtlichere Zeitdauer.

Zu den chemischen Vorgängen, welche Wärmeaufnahme von aussen erheischen, gehört zunächst die Zersetzung dissociationsfähiger Körper. Es lässt sich diese einmal durch so starke Temperaturerhöhung vollenden, dass kein merklicher Theil der Spaltungsproducte bei den stattfindenden Temperaturschwankungen der einzelnen Molecüle unter der eigentlichen Zersetzungstemperatur bleibt. So liegt die Zersetzungstemperatur des Bromwasserstoff-Amylens, $C_5H_{10} . HBr$ (vgl. S. 66), bei

---

[1]) Siehe Clausius, Pogg. Ann. 1863, CXX, 426 und „über den zweiten Hauptsatz der mechanischen Wärmetheorie", ein Vortrag, 1867.

[2]) Wenn durch chemische Umwandlung eines Systems von Körpern in ein anderes System Wärme erzeugt werden kann, so soll gemäss Helmholtz (die Erhaltung der Kraft, 1847, vgl. auch Tyndall, die Wärme u. s. w. S. 176 die Anmerkung) die Energie, welche das erstere System mehr besitzt als das zweite, als chemische Spannkraft bezeichnet werden. Chemische Spannkraft wird demnach in lebendige Kraft, in Wärme verwandelt, wenn das erstere System in das zweite übergeht, umgekehrt wird die gleiche Wärme in chemische Spannkraft umgesetzt, wenn aus dem zweiten System das erstere hervorgeht.

etwa 244⁰. Die Dampfdichten desselben ergeben eine vollständige Zersetzung in 2 Molecüle (in C_5H_{10} und HBr) für eine zwischen 319⁰ und 360⁰ liegende Temperatur. Die Zersetzungstemperatur des Schwefelsäurehydrats H_2SO_4 (vgl. S. 68) liegt in der Nähe von 345⁰. Seine Dampfdichten erweisen für 416⁰ die vollständige Spaltung in 2 Molecüle (in SO_3 und H_2O). In gleicher Weise liegt die Zersetzungstemperatur der Untersalpetersäure, N_2O_4 (vgl. S. 63), bei 58⁰, während oberhalb 150⁰ der Dampf nach seiner Dichte nur aus dem Spaltungsproduct NO_2 besteht. Aus diesen Beispielen geht hervor, dass es bei nahezu gleichbleibendem Druck zur vollständigen Zersetzung eines dissociationsfähigen Gases im abgegrenzten Raum hinreicht, die (Mittel-) Temperatur um allerhöchstens ·100⁰ über die (Minimal-) Zersetzungstemperatur zu erhöhen.

Die Zersetzung dissociationsfähiger Körper lässt sich aber auch bei einer (Mittel-) Temperatur vollenden, welche unterhalb der Zersetzungstemperatur liegt, insofern nur bei ihr ein merklicher Bruchtheil der Molecüle in den Atomtemperaturen die Zersetzungstemperatur überschreitet. Es ist dann nur nöthig, dass ein Zersetzungsproduct in dem Maasse, in welchem es sich beim andauernden Ersatz der zur Zersetzung aufgewandten Wärme bildet, weggenommen wird. So lässt sich der kohlensaure Kalk (vgl. S. 77) unter Wegnahme der sich bildenden Kohlensäure bei 860⁰ vollständig zersetzen, während selbst bei 1040⁰ die Zersetzung nur eine theilweise ist, wenn die Kohlensäure nicht weggenommen wird. Ebenso wird sich das Bromwasserstoff-Amylen bei einer auf z. B. 195⁰ durch Wärmezufuhr beständig erhaltenen Temperatur, welcher eine Zersetzung von 12 Proc. entspricht (vgl. S. 66), vollständig, wenn auch nur allmälig spalten, wenn der gebildete Bromwasserstoff, etwa durch eine ihn absorbirende Base fortwährend entfernt wird, weil hierdurch der für die genannte Temperatur erforderte Gleichgewichtszustand zwischen Bromwasserstoff-Amylen und seinen Zersetzungsproducten eine derartige andauernde Störung erleidet, welche die fortwährend erneute Bildung von Bromwasserstoff und daher die vollständige Zersetzung des Bromwasserstoff-Amylens zur Folge haben muss.

Auch chemische Umsetzungen finden unter Wärmebindung statt und zeigen dann ähnlichen Verlauf wie die betrachteten Zersetzungen. Als Beispiel sei zunächst eine der Umsetzungen aufgeführt, welche man gewöhnlich auch als Zersetzungen zu bezeichnen pflegt, weil an Stelle eines Körpers durch Erhitzen zwei auftreten. Das Quecksilberoxyd setzt sich beim Erhitzen allmälig um nach der Gleichung

$$2\,HgO = O_2 + Hg + Hg.$$

Hierbei muss die Wärmemenge, welche die Trennung von Sauerstoff und Quecksilber mehr erfordert, als die Vereinigung zweier Sauerstoffatome liefert, zugeführt werden. Auch Elemente können sich unter Wärmebindung zu chemischen Verbindungen, welche aus verschiedenen Atomen bestehen, direct durch blosses Erhitzen umsetzen. So wird der

Schwefelkohlenstoff, CS_2, durch Erhitzen von Kohlenstoff und Schwefel fabrikmässig bereitet. Nun besteht aber zwischen den Verbrennungswärmen dieser Verbindung und ihrer Bestandtheile folgende Beziehung:

Verbrennungswärme.

C . . . . . 94 000 [1]

S_2 . . . . . 142 000 [2]

Summe . 236 000

CS_2 . . . . 258 000 [3]

Unterschied — 22 000

Die Energie eines Molecüls Schwefelkohlenstoff, CS_2, übertrifft also die Energie der es zusammensetzenden Mengen von Kohlenstoff und Schwefel um 22 000 Wärmeeinheiten, d. h. bei der Bildung von 78 Gewichtstheilen Schwefelkohlenstoff aus den Elementen werden 22 000 Wärmeeinheiten gebunden. Es reicht also für die Fortdauer derselben die einmalige Erhitzung auf die Umsetzungstemperatur allein nicht aus, sondern es ist die gleichzeitige Zufuhr der zu bindenden Wärme erforderlich. Da die Wärmeaufnahme nur allmälig erfolgt, so kann die Umsetzung nicht grosse Mengen von Schwefel und Kohlenstoff auf einmal ergreifen, sie kann keine plötzlich und stürmisch verlaufende, keine sogenannte explosive sein, sondern eine allmälig in dem Maasse sich vollziehende, als die zur Umsetzung erforderliche Wärme zugeführt wird [4].

In gleicher Weise verlaufen alle chemischen Umsetzungen, welche unter Wärmebindung beim Erhitzen der sich umsetzenden Körper stattfinden, allmälig und ruhig, indem die Umwandlung sich immer auf diejenigen Massen beschränken muss, welchen zunächst die erforderliche Wärme zugeführt wird.

Eine Abweichung von diesem allmäligen ruhigen Verlauf könnte nur stattfinden, wenn die zur Umsetzung erforderliche Wärme den einzelnen sich umsetzenden Körpern vor ihrer Berührung mitgetheilt würde, dieselben also im Zustande der Ueberhitzung über die (Minimal-) Umsetzungstemperatur zusammengebracht würden. Jedoch ist auch diess nur unter der Einschränkung möglich, dass dann die Anfangstemperatur

---

[1]) Vgl. hinsichtlich dieser Mittelzahl, Ann. chim. phys. [4] VI, 359.

[2]) Favre und Silbermann, Ann. chim. phys. [3] XXXIV, 447; Jahresber. für Chemie f. 1852, 22.

[3]) Favre und Silbermann, Ann. chim. phys. [3] XXXIV, 450; Jahresber. für Chemie f. 1852, 22.

[4]) Neuerdings hat Berthelot (Compt. rend. 1868, LXVII, 1252) gezeigt, dass die Zersetzung des Schwefelkohlenstoffs bei denselben Temperaturen beginnt, bei welchen er sich bildet. Es erscheint demnach für die Darstellung im grösseren Maassstabe die Entfernung desselben von noch unverbundenem Kohlenstoff und Schwefel als eine wesentliche Bedingung und die Beimengung geringer Mengen von Schwefel als ein selbst durch Ueberleiten über eine längere Schicht glühender Kohlen nicht ganz zu vermeidender Umstand.

diejenige Temperatur nicht überschreite, bei welcher das zu bildende Umsetzungsproduct selbst wieder zerfällt.

Hinsichtlich der unter Wärmebindung vor sich gehenden und desshalb den oben beschriebenen Verlauf zeigenden Umsetzungen sei noch hingewiesen auf die Reduction von Oxyden durch Kohlenstoff. Nach den Beobachtungen über Wärmeentwickelung bei Oxydationen liefern bei der Verbrennung durch je 1 Gewichtstheil Sauerstoff[1])

						Wärmeeinheiten.
Holzkohle	bei der	Verbrennung	zu	Kohlenoxyd . . .		1 855
„	„	„	„	„ Kohlensäure. . .		3 030
Kohlenoxyd	„	„	„	„	„ . . .	4 205
Gelber Phosphor	„	„	„	„ Phosphorsäure . .		4 613
Zink	„	„	„	„ Zinkoxyd . . .		5 302
Eisen	„	„	„	„ Eisenoxydoxydul?		4 134
Zinn	„	„	„	„ Zinnoxyd . . .		4 303
Zinnoxydul	„	„	„	„	„ . . .	4 363
Kupfer	„	„	„	„ Kupferoxyd . . .		2 393
Kupferoxydul	„	„	„	„	„ . . .	2 285

Da von den auf gleiche Gewichtsmengen Sauerstoff bezogenen Verbrennungswärmen diejenige für Kohlenstoff zu Kohlenoxyd weitaus die niedrigste ist, so muss die Reduction der in der zweiten Verticalreihe verzeichneten Oxyde durch Kohlenstoff zu den in der ersten Verticalreihe aufgeführten Körpern stets unter bedeutender Wärmebindung vor sich gehen, wenn dabei der Kohlenstoff als Kohlenoxyd auftritt. Würde der Kohlenstoff in Kohlensäure übergehen, so ergibt sich mit Ausnahme der beiden letzten Körper ebenfalls eine, wenn auch geringere Wärmeentwickelung. Am bedeutendsten ist die Wärmebindung oder der Gewinn an chemischer Spannkraft bei der Reduction des Zinkoxyds zu metallischem Zink, welches bekanntlich besonders geeignet ist zur Erzeugung von Elektricität, wobei es Wiederoxydation erleidet, also eine Verwandlung von chemischer Spannkraft in elektrische Bewegung stattfindet.

Für die directe Bildung von chemischen Verbindungen, deren Energie grösser ist als diejenige der in ihnen enthaltenen Elemente im freien Zustande, durch blosses Erhitzen dieser Elemente scheint die besprochene Entstehung des Schwefelkohlenstoffs das einzige beobachtete Beispiel zu sein. Gewöhnlich ist die Bildung solcher Verbindungen eine indirecte, d. h. sie findet gleichzeitig und in nothwendigem Zusammenhange mit anderen unter bedeutenderer Wärmeentbindung vor sich gehenden Umsetzungen statt. So ist die Energie des Unterchlorigsäureanhydrits, Cl_2O, grösser, als diejenige der in ihm enthaltenen Elemente im freien Zustande[2]), d. h. bei der Bildung desselben aus Chlor und Sauerstoff müsste

---

[1]) Siehe Kopp's theoret. Chemie, 1863, 234 und 235.

[2]) Nach Favre (Ann. d. Chem. u. Pharm. LXXXVIII, 171; Jahresber. für Chemie f. 1853, 23) ist dieselbe für 87 Gewichtstheile dieses Körpers in Lösung um 14 740 Wärmeeinheiten grösser als diejenige der freien Elemente.

Wärme aufgenommen werden. Chlor geht nun mit freiem Sauerstoff keine Verbindung ein. Leitet man aber Chlorgas über Quecksilberoxyd, so geht eine Umsetzung vor sich nach der Gleichung:

$$HgO + 2Cl_2 = Cl_2O + HgCl_2,$$

und zwar unter Wärmeentbindung, indem von den bei diesem Vorgange auftretenden Wärmeentwickelungen die Summe der positiven diejenige der negativen überwiegt.

Nachstehende Zusammenstellung gibt Verbindungen, welche in ihrer auf das Moleculargewicht bezogenen Energie diejenige der in ihnen enthaltenen Mengen der Elemente im freien Zustande übersteigen, und den Betrag dieses Ueberschusses. Es sind nämlich die (negativen) Wärmeentwickelungen aufgeführt, welche bei directer Bildung der durch die Moleculargewichte gegebenen Mengen aus den Elementen statthaben würden. Mit Ausnahme des Schwefelkohlenstoffs hat man für dieselben bis jetzt nur die Bildung auf indirectem Wege beobachtet.

Namen.	Molecular-gewicht.	Wärmeent-wickelung.
Schwefelkohlenstoff, CS_2	78	— 22 000 [1]
Gelöstes Unterchlorigsäureanhydrit, Cl_2O	87	— 14 740 [2]
Jodwasserstoff, HJ	128	— 3 600 [3]
Stickoxydul, N_2O	44	— 17 450 [4]
Cyan, C_2N_2	52	— 82 000 [5]
Aethylen, C_2H_4	28	— 8 000 [6]

Die chemischen Vorgänge unter Wärmeentbindung setzen sich, einmal eingeleitet, von selbst fort, wenn die Wärmemenge, welche durch Umsetzung der auf die Umsetzungstemperatur erhitzten Antheile entbunden wird, ausreicht, um mindestens eine der umgewandelten gleiche Molecülzahl von der Anfangstemperatur auf die Minimalumsetzungstemperatur zu bringen. Mit bedeutender Temperaturerhöhung verbundene und mithin rasch verlaufende chemische Vorgänge können, wenn sie gasförmige Producte liefern, sehr stürmisch und nach Umständen unter

---

[1] Favre und Silbermann, Ann. chim. phys. [3] XXXIV, 450; Jahresber. für Chemie f. 1852, 22.

[2] Favre, Ann. d. Chem. u. Pharm. LXXXVIII, 171; Jahresber. für Chemie f. 1853, 23.

[3] Favre und Silbermann, Ann. chim. phys. [3] XXXVII, 456; Jahresber. für Chemie f. 1853, 17.

[4] Favre, Jahresber. für Chemie f. 1853, 26; Ann. d. Chem. u. Pharm. LXXXVIII, 174. Vgl. auch S. 116 u. 117.

[5] Siehe S. 116. — [6] Siehe S. 115.

heftigen Explosionen statthaben, besonders wenn grössere Mengen der
sich umsetzenden Körper auf einmal in Berührung kommen. Es sei
nur erinnert an die Umsetzung des Schiesspulvers und des Knall-
gases, der Mischung von 2 Volumen Wasserstoff und 1 Volumen Sauerstoff. Wo man derartige Vorgänge behufs Erzeugung von Wärme oder
hoher Temperaturgrade veranlasst, pflegt man zur Vermeidung von Explosionen entweder nach und nach nur kleinere Mengen der sich umsetzenden Körper auf einmal in Berührung zu bringen oder durch geeignete Abkühlung die Fortpflanzung der Umsetzungstemperatur auf
grössere Massen zu verhindern. Für das Knallgasgebläse hat man bekanntlich nach einander das letztere und das erstere Mittel angewandt;
das letztere in ähnlicher Weise wie es zur Abwehr von Entzündung
schlagender Wetter durch die Davy'sche Sicherheitslampe üblich ist,
deren enges, die Wärme gut ausstrahlendes Drahtgeflecht die Fortpflanzung der Entzündung von der inneren nach der äusseren Seite verhütet.
Zur raschen Entziehung von Wärme eignet sich auch besonders die Beimengung eines indifferenten Körpers. Ein solcher nimmt einen
von seiner relativen Menge und seiner Wärmecapacität abhängigen Bruchtheil der freiwerdenden Wärme auf und wirkt dadurch der Temperaturerhöhung entgegen. Durch verschiedenen Betrag der Beimengung kann
der mit bedeutender Wärmeentbindung verknüpfte chemische Vorgang
nach Belieben in seiner Heftigkeit gemildert oder auch ganz aufgehoben
werden. So hat man [1] die Grenzen bestimmt, von denen ab beim Knallgase die Beimengung von Luft, von Stickstoff, von überschüssigem Wasserstoff oder Sauerstoff die Detonation unterdrückt, wieder eine unvoll-
ständige Verbindung zur Folge hat und die Verbindung gar nicht eintreten lässt. Ein Gemenge von 1 Volum Kohlenoxysulfid [2] mit 1,5 Volum
Sauerstoff explodirt beim Entzünden mit scharfem Knall, mit 7 Volumen
Luft brennt das Gas ruhig ohne Explosion ab. Ammoniak verbrennt im
reinen Sauerstoff, aber nicht in Luft, indem die bei der Oxydation desselben freiwerdende Wärme zwar hinreicht, um Ammoniak, Sauerstoff
und ihre Umsetzungsproducte allein, aber nicht um ein Gemenge derselben mit dem in der Luft dem Sauerstoff beigemengten Stickstoff auf
eine Temperatur zu erhitzen, bei welcher die Umsetzung von Ammoniak
und Sauerstoff noch vor sich gehen kann.

Die Einleitung eines chemischen Vorgangs und seine Fortdauer setzt
zwar einerseits die fortwährende Ueberschreitung der Umsetzungstemperatur durch einen merklichen Bruchtheil der vorhandenen Körper voraus,
die Vollendung desselben kann aber nicht statthaben, wenn durch die

---

[1] Vgl. Bunsen, Ann. d. Chem. u. Pharm. 1846, LIX, 212; Jahresber. für
Chemie f. 1849. 562. Regnault und Reiset, Ann. chim. phys. 1849 [3] XXVI,
350 ff.; Ann. d. Chem. u. Pharm. LXXIII, 92, 129; Jahresber. für Chemie f. 1849, 562.
[2] Than, Ann. d. Chem. u. Pharm. 1867, Suppl. V, 240; Chem. Centralbl.
1868, 418.

Wärmeentwickelung Umsetzungsproducte über ihre Zersetzungs-, beziehungsweise Umsetzungstemperatur erhitzt werden. Daher kann unter Umständen die Erhaltung einer niedrigeren Temperatur durch Wärmeentziehung Bedingung sein für die Umwandlung eines grösseren Bruchtheils oder der ganzen Masse, also eine grössere Wärmemenge bei niedrigerer Temperatur entstehen. Nach den S. 120 angeführten Versuchen verbrennt sowohl bei dem reinen Kohlenoxydknallgase als auch bei dem Wasserstoffknallgase, während die Temperatur auf etwa 3000⁰ steigt, fast genau ein Drittel von dem ganzen vorhandenen Wasserstoff oder Kohlenoxyd. Werden beide Knallgase durch nicht mitverbrennende Gase so verdünnt, dass das Temperaturmaximum auf im Mittel 2000⁰ herabgedrückt wird, so verbrennt die Hälfte des Kohlenoxyds oder Wasserstoffs.

Diese Eigenschaft der Kohlensäure und des Wassers, welche bekanntlich die Hauptproducte der zu Heizzwecken angewandten Brennstoffe sind, sich bei verhältnissmässig niederer Temperatur wieder in Wasserstoff und Sauerstoff, beziehungsweise Kohlenoxyd und Sauerstoff umzusetzen, macht selbst die annähernde Erreichung der unter Voraussetzung vollständiger Verbrennung sich ergebenden Temperatureffecte häufig unmöglich. Zur annähernden Bestimmung der letzteren z. B. für die vollständige Verbrennung von Wasserstoff in reinem Sauerstoff leitet folgende Betrachtung.

Die Energiedifferenz zwischen 1 Gewichtstheil Wasserstoff und 8 Gewichtstheilen Sauerstoff einerseits und den daraus hervorgehenden 9 Gewichtstheilen Wasserdampf andererseits beträgt bei gewöhnlicher Temperatur 29 200 Wärmeeinheiten (vgl. S. 89). Verbrennt nun Wasserstoff in reinem Sauerstoff, so dient diese Wärme nur zur Erhitzung des gebildeten Wasserdampfs. Da nun die specifische Wärme des letzteren für constanten Druck 0,48 [1]) Wärmeeinheiten beträgt, so bedürfen 9 Gewichtstheile zur Erwärmung um 1 Grad 9 . 0,48 = 4,32 Wärmeeinheiten, erleiden also durch die bei ihrer Bildung freiwerdende Wärme eine Temperaturerhöhung von

$$T' = \frac{29\,200}{4,32} = 6\,760^0.$$

Findet die Verbrennung des Wasserstoffs durch Luft statt, so ist auch der beigemengte Stickstoff mit zu erhitzen. Die Luft enthält nun 77 Gewichtsprocente Stickstoff, also auf 8 Gewichtstheile Sauerstoff 26,8 Gewichtstheile Stickstoff, welche zur Erwärmung um 1 Grad erfordern 26,8 . 0,244 = 6,54 Wärmeeinheiten. Die Temperaturerhöhung beträgt mithin

$$T'' = \frac{29\,200}{4,32 + 6,54} = 2\,690^0.$$

---

[1]) Diese specifische Wärme ist zwischen 120⁰ und 220⁰ beobachtet worden von Regnault, Mém. de l'acad. des sciences de l'instit. de France, T. XXVI, p. 177 u. 178.

Dabei ist vorausgesetzt, dass sämmtlicher Sauerstoff der Luft zur Verbrennung dient.

Ganz allgemein berechnet sich die der vollständigen Verbrennung entsprechende Temperaturerhöhung durch irgend einen Brennstoff

$$T = \frac{E'' - E'}{c' + c'' + c''' + \cdots} \quad \ldots \ldots \quad (35)$$

wo $E'' - E'$ die Energiedifferenz der nach und vor der Umsetzung vorhandenen Körper, c', c'' ... die Wärmecapacitäten der nach der Umsetzung vorhandenen Körper für 1^0 Temperaturerhöhung bezeichnen. Da selten sämmtlicher Sauerstoff zur Verbrennung dient, so ist in obigem Ausdruck die Wärmecapacität des etwa überschüssig beigemengten Sauerstoffs oder der überschüssig beigemengten Luft im Divisor mit einzurechnen. Nach gewöhnlicher Annahme wirkt nur die Hälfte der in eine Feuerung einströmenden Luft wirklich verbrennend.

Folgende Zusammenstellung enthält die berechneten Temperaturerhöhungen [1]) für einige der gewöhnlich angewandten Brennstoffe:

Namen.	Wärmeentbindung, durch Rechnung oder unmittelbare Beobachtung abgeleitet, bezogen auf 1 Kilogramm.	Verbrennungstemperatur		
		mit reinem Sauerstoff.	mit dem nothwendigen Luftvolum.	mit dem Doppelten des nothwendigen Luftvolums.
Kohle bei der Umwandlung in Kohlensäure.	8 080	10 227^0	2 729^0	1 445^0
Kohle bei der Umwandlung in Kohlenoxyd	2 398 [2])	—	1 440	—
Holz, bei 120^0 getrocknet . . .	3 616	—	2 494	1 291
Gewöhnliches Holz mit 20 Proc. Wasser	2 756	—	1 913	1 102
Koks	6 868	—	2 393	1 341
Wasserstoff	29 000	6 708	2 756	—
	bezogen auf 1 Liter			
Leuchtgas	6,02	7 487	2 531	—

[1]) Dieselben sind entnommen aus H. Valérius, Les applications de la chaleur.
[2]) Sonst findet sich die auch oben S. 130 schon zu Grunde gelegte Zahl 2473.

Vergleicht man diese Ergebnisse mit den S. 120 besprochenen Versuchen über Verbrennung von Wasserstoff- und Kohlenoxydknallgas, so darf man wohl schliessen, dass bei der Heizung unter gewöhnlichen Umständen die Temperatur nicht so hoch steigen kann, um einen Theil des Wasserdampfs und der Kohlensäure in Wasserstoff und Sauerstoff oder Kohlenoxyd und Sauerstoff zurückzuverwandeln, beziehungsweise deren vollständige Bildung zu verhindern. Es wird dadurch die Ausbeute an Wärme um so weniger verringert werden, als die entbundene Wärme gewöhnlich auf verhältnissmässig grosse zu erhitzende Massen übertragen und daher die berechnete Temperatur bei Weitem nicht erreicht wird. Handelt es sich dagegen um Erzielung von Wärme von möglichst hoher Temperatur, zu welchem Zwecke das Knallgasgebläse angewandt zu werden pflegt, so zeigen die Versuche von Bunsen, dass jedenfalls eine 3000° überschreitende Temperatur nicht zu erreichen ist, und dass mit der Höhe des Temperaturgrades der durch unvollständigere Verbrennung sich ergebende Verlust an Wärmemenge wächst. Würde man Mittel finden, eine vollständige und rasche Verbrennung des reinen Wasserstoffknallgases zu bewirken, so würde sich das bis jetzt in der Praxis erreichte Temperaturmaximum um 3000 bis 4000° bis zu ungefähr 6800° erhöhen lassen. H. Sainte-Claire Deville [1]) vermuthet, angeregt durch Beobachtungen von Frankland [2]), dass ein sehr starker Druck die Rückbildung von Wasserstoff und Sauerstoff aus Wasser verhindern, d. h. die vollständige Verbrennung des Wasserstoffknallgases bewirken könne, und hat zur Entscheidung dieser Frage Wiederholung der Bunsen'schen Versuche unter starkem Druck in Aussicht gestellt.

Nachstehend sind noch die auf das Moleculargewicht bezogenen Energiedifferenzen einiger einfachen Verbindungen in Gasform und der in ihnen enthaltenen Elemente in freiem Zustande verzeichnet. Die ersten sieben Körper bilden sich unter Wärmeentwickelung, die mitunter mit Explosion verbunden sein kann, unmittelbar aus den Elementen, nachdem die Umsetzung der letzteren durch Erhitzen eingeleitet worden ist, was bei gasförmigen Elementen auch durch den elektrischen Funken bewerkstelligt werden kann. Die vier letzten Körper besitzen zwar ebenfalls weniger Energie als die in ihnen enthaltenen Elemente im freien Zustande, ihre unmittelbare Bildung aus letzteren ist jedoch noch nicht beobachtet worden. Dasselbe war seither auch für den Schwefelwasserstoff der Fall, dessen directe Bildung beim Durchleiten von Wasserstoff durch siedenden Schwefel neulich nachgewiesen wurde [3]).

---

[1]) Compt. rend. 1868, LXVII, 1095.
[2]) Daselbst.
[3]) Von Merz und Weith, Ber. d. deutsch. chem. Gesellsch. 1869, 341.

	Moleculargewicht.	Wärmeentwickelung bei der Bildung aus den Elementen.
Wasserdampf, H_2O	18	. . . 58 500
Kohlenoxyd, CO	28	. . . 29 700 [1])
Kohlensäure, CO_2	44	. . . 97 000 [2])
Schweflige Säure, SO_2	64	. . . 71 000 [3])
Chlorwasserstoff, HCl	36,5	. . . 23 800 [4])
Bromwasserstoff, HBr	81	. . . 9 300 [5])
Phosphorchlorür (flüssig), PCl_3 . . .	137,5	. . . 94 800 [6])
Schwefelwasserstoff, H_2S	66	. . . 5 500 [11])
Untersalpetersäuredampf, N_2O_4 [7]) . .	102	. . . ? [8])
Stickoxyd, NO	30	. . . ? [9])
Ammoniak, NH_3	17	. . . 22 700 [10])
Sumpfgas, CH_4	16	. . . 22 000 [12])

Bei den verhältnissmässig einfachen chemischen Vorgängen, durch welche die acht ersten der vorstehenden Verbindungen und ferner der S. 129 besprochene Schwefelkohlenstoff entstehen, ist die Gesammtwärmewirkung immerhin, wie S. 92 gezeigt wurde, die algebraische Summe mehrerer Wärmeentwickelungen, selbst wenn man sich auf diejenigen Beispiele beschränkt, für welche man voraussetzen darf, dass die vor und die nach der Umsetzung vorhandenen Körper dem vollkommenen Gaszustande angehören, und hierbei den Einfluss etwaiger Aenderung der Molecülzahl in Abrechnung bringt.

Auch einige der reciproken Reactionen, wie z. B. die Rückbildung von Wasserstoff und Sauerstoff aus Wasser, sind bekannt. Solche müssen natürlich die entgegengesetzten Wärmewirkungen, d. h. Wärmeentwickelungen von demselben absoluten Werthe, aber mit entgegengesetztem Vorzeichen, zur Folge haben. Daraus folgt z. B., dass, wenn eine chemische Umwandlung eine explosive ist, die entgegengesetzte diess nie sein kann.

---

[1]) Vgl. S. 130.
[2]) Vgl. ebendas.
[3]) Vgl. Favre und Silbermann, Ann. chim. phys. (3) XXXIV, 447; Jahresber. für Chemie für 1852, 22.
[4]) Daselbst, 403; f. 1852, 18.
[5]) Daselbst, XXXVII, 453, f. 1852, 18.
[6]) Favre, Ann. d. Chem. u. Pharm. LXXXVIII, 174; Jahresber. für Chemie für 1853, 25.
[7]) Theilweise gespalten in $NO_2 + NO_2$ (vgl. S. 62).
[8]) Vgl. Schröder van der Kolk, Pogg. Ann. CXXXI, 418; Jahresber. für Chemie f. 1867, 78.
[9]) Ebendaselbst.
[10]) Favre und Silbermann, Ann. chim. phys. (3) XXXVII, 461.
[11]) Daselbst 456; Jahresber. für Chemie f. 1853, 18.
[12]) Vgl. S. 115.

Ausgedehnte Erfahrungen haben bis jetzt gelehrt, dass in der Natur, mit Ausnahme des Pflanzenreichs, sowohl in der unorganischen als in der thierischen Welt, solche chemische Vorgänge sich überwiegend vollziehen, welche mit Wärmeentbindung verknüpft sind. Es waltet im Thier- und Mineralreich, so zu sagen, ein Streben vor, chemische Spannkraft [1]) in lebendige Kraft umzusetzen, die sich in der Form von Wärme darstellt. Dem entsprechend bedingen diejenigen Umwandlungen, welche der Chemiker vorzugsweise leicht künstlich hervorzurufen vermag, ebenfalls ein Freiwerden von Wärme. Im Zusammenhang hiermit steht ferner die Erfahrung, dass verwickeltere chemische Vorgänge häufig einzelne Reactionen in sich schliessen, welche den gewöhnlich stattfindenden entgegengesetzt sind, ohne dass diese Umkehrung durch eine der bekannten oben erörterten Ursachen, wie z. B. durch Entfernung von Umsetzungsproducten, allein bedingt wäre. In solchen Vorgängen ist aber dann die Gesammtwärmeentwickelung bei der wirklich stattfindenden Reihe von Umwandlungen grösser als sie beim Unterbleiben derselben oder beim Vollzug anderer denkbarer Umsetzungen sein würde.

Unter den Gesichtspunkt dieses Erfahrungssatzes, dass vorzugsweise solche Umsetzungen sich vollziehen, welche mit einer möglichst grossen Wärmeentbindung verknüpft sind, fallen z. B. folgende chemische Vorgänge:

Das Chlorsilber [2]) setzt sich mit einer wässerigen Lösung von Jodwasserstoffsäure um in Jodsilber und Chlorwasserstoff.

	Wärmeeinheiten.	Summe.
Bei der Bildung eines Molecüls Jodsilber aus den Elementen werden entwickelt	18 651 [3])	
Bei der Bildung eines Molecüls gelöster Chlorwasserstoffsäure aus den Elementen werden entwickelt	40 192 [4])	58 843
Bei der Bildung eines Molecüls Chlorsilber aus den Elementen werden entwickelt	34 800 [3])	
Bei der Bildung eines Molecüls gelöster Jodwasserstoffsäure aus den Elementen werden entwickelt	15 004 [4])	49 804

In einem Molecül Jodsilber und einem Molecül Chlorwasserstoff sind dieselben Mengen derselben Elemente enthalten, wie in einem Molecül Chlorsilber und in einem Molecül Jodwasserstoff. Bei der Bildung des ersten Systems aus den Elementen werden aber 58 800, bei derjenigen des zweiten 49 800 Wärmeeinheiten entbunden; das zweite enthält folglich

---

[1]) Vgl. die Anmerkung auf S. 127.
[2]) Dieses Beispiel ist aufgeführt von Berthelot, Compt. rend. 1867, LXIV, 414.
[3]) Favre und Silbermann, Jahresber. für Chemie f. 1853, 18.
[4]) Daselbst, 19.

58 800 — 49 800 = 9 000 Wärmeeinheiten mehr als das erste. Es werden mithin bei der Umsetzung

$$AgJ + HCl = AgCl + HJ$$

diese 9 000 Wärmeeinheiten frei, wenn die Säure in wässeriger Lösung sich befindet.

Die Wärmeentwickelung bei derselben Umsetzung mit gasförmiger Säure ergibt sich nach folgender Tabelle:

	Wärmeeinheiten.	Summa.
Bei der Bildung eines Moleculs Jodsilber aus den Elementen werden entwickelt	18 651 [1])	
Bei der Bildung eines Moleculs gasförmigen Chlorwasserstoffs aus den Elementen werden entwickelt.	23 783 [1])	42 434
Bei der Bildung eines Moleculs Chlorsilber aus den Elementen werden entwickelt	34 800 [1])	
Bei der Bildung eines Moleculs gasförmigen Jodwasserstoffs aus den Elementen werden entwickelt.	— 3 606 [1])	31 194

Dieselbe beträgt mithin 42 434 — 31 194 = nahezu 11 000 Wärmeeinheiten.

Aus den aufgeführten Beobachtungswerthen ergibt sich zugleich, dass umgekehrt die Umwandlung des Jodsilbers in Chlorsilber durch freies Chlor unter Entwickelung von 34 800 — 18 651, also etwa 16 000 Wärmeeinheiten vor sich geht, bei Anwendung der durch das Moleculargewicht ausgedrückten Gewichtsmenge von Jodsilber.

Beide Umwandlungen, sowohl diejenige von Chlorsilber in Jodsilber durch Jodwasserstoff als auch diejenige von Jodsilber in Chlorsilber durch Chlor verlaufen mithin unter Wärmeentbindung, sie sind folglich übereinstimmend hinsichtlich der Wärmewirkungen, wenn auch entgegengesetzt hinsichtlich der Zusammensetzung der vor und nach der Umsetzung vorhandenen Körper.

Entsprechende [2]) Berechnungen zeigen, dass in Anbetracht der Wärmewirkungen in Wasser gelöstes Chlorkalium mit wässeriger Jodwasserstoffsäure sich umsetzen muss nach der Gleichung

$$KCl + HJ = KJ + HCl.$$

Mischt man die Lösungen beider Körper, so reicht ein geringer Ueberschuss von Jodwasserstoff aus, um beim Verdampfen die Chlorwasserstoffsäure vollständig zu verdrängen. Dem gegenüber wird aus einer concentrirten Lösung von Jodkalium durch Chlorwasserstoff Chlorkalium aus-

---

[1]) Favre und Silbermann, Jahresber. für Chemie f. 1858, 18.

[2]) Folgendes Beispiel ist ebenfalls entnommen Berthelot, Compt. rend 1867, LXIV, 414.

gefällt, aber ebenfalls unter Wärmeentbindung, welche der Ausscheidung des Chlorkaliums in fester Form entstammt. Beide chemisch entgegengesetzten Reactionen sind also unter den Umständen, unter welchen sie verlaufen, thermisch übereinstimmend.

Jodwasserstoff [1]) bewirkt vorzugsweise leicht die Reduction organischer Verbindungen, z. B. von Alkohol und von Essigsäure zu Aethylenwasserstoff, wenn er in möglichst concentrirter Lösung angewandt wird. Es steht dieses Verhalten durchaus im Einklang mit der Theorie. Eine verdünnte Lösung von Jodwasserstoff wird sich viel schwieriger zersetzen als eine concentrirte, weil die Lösung der Säure in Wasser eine bedeutende Menge Wärme entwickelt, die für jedes Molecül in einer sehr verdünnten Flüssigkeit auf 18 900 [2]) Wärmeeinheiten steigt. Dagegen löst sich der Jodwasserstoff in einer schon concentrirten Lösung ohne bedeutende Wärmeentwickelung. Andererseits entspricht die Trennung eines Moleculs gasförmigen Jodwasserstoffs in Wasserstoff und festes Jod bei gewöhnlicher Temperatur einer Wärmeentwickelung von 3 600 Wärmeeinheiten [3]). Aus beiden Zahlen geht hervor, dass die Zersetzung einer verdünnten Jodwasserstoffsäurelösung in Jod und Wasserstoff für jedes Molecül die bedeutende Wärmebindung von 15 300 Wärmeeinheiten herbeiführt, oder anders ausgedrückt, die Leistung einer beträchtlichen Arbeit bedarf. Je concentrirter aber die Lösung wird, um so mehr vermindert sich die von der Zersetzung geforderte Arbeit, wird Null und selbst negativ. Die besten Bedingungen für die reducirende und Wasserstoff zuführende Wirkung der wässerigen Jodwasserstoffsäure werden also durch eine möglichst gesättigte Lösung erreicht sein.

Ein lehrreiches Beispiel für die Abhängigkeit des Eintritts und Verlaufs chemischer Vorgänge von den damit verknüpften Wärmewirkungen bietet das verschiedene Verhalten von Jod gegen Schwefelwasserstoff unter verschiedenen Umständen [4]). Schwefelwasserstoff setzt sich bei gewöhnlicher Temperatur mit Jod, welches in Wasser oder in verdünnter wässeriger Jodwasserstoffsäure gelöst ist, zu Jodwasserstoff und Schwefel um, worauf sich ein bekanntes Verfahren zur Darstellung wässeriger Jodwasserstoffsäure gründet. Dagegen wirkt bei gewöhnlicher Temperatur Schwefelwasserstoff weder auf Jod ein, welches in entwässertem Schwefelkohlenstoff gelöst ist, noch auf festes, noch auch auf gasförmiges Jod bei Ausschluss von Wasser. Die Nothwendigkeit des Wassers für die Umsetzung von Jod und Schwefelwasserstoff in

---

[1]) Diese Ausführung stammt von Berthelot, Chem. Centralbl. 1868, 577 (aus Bull. soc. chim. 1868, 104).

[2]) Favre und Silbermann, Ann. chim. phys. (3) XXXVII, 412; Jahresber. für Chemie f. 1853, 12.

[3]) Favre und Silbermann, Ann. chim. phys. (3) XXXVII, 456; Jahresber. für Chemie f. 1853, 18.

[4]) Naumann, Ber. deutsch. chem. Gesellsch. 1869, 177; die ausführliche Abhandlung erschien in den Ann. d. Chem. u. Pharm. CLI, 145.

Jodwasserstoff und Schwefel zeigt sich unter Anderem auch dadurch, dass eine mit Schwefelwasserstoff gesättigte Lösung von Jod in Schwefelkohlenstoff beim Aufbewahren den Geruch nach Schwefelwasserstoff nicht verliert, aber beim Schütteln mit Wasser letzteres durch Ausscheidung von Schwefel trübt.

Die einschlagenden thermischen Verhältnisse geben Aufschluss über dieses Verhalten des Jods zu Schwefelwasserstoff. Die Energie eines Moleculs Schwefelwasserstoff beträgt 5 480.[1]) Wärmeeinheiten weniger als diejenige der in ihm enthaltenen Mengen der Elemente im freien Zustande. Ferner übertrifft die Energie eines Moleculs Jodwasserstoff diejenige der in ihm enthaltenen Elemente im freien Zustande um 3 600[1]) Wärmeeinheiten. Die durch die Gleichung

$$H_2S + J_2 = 2\,HJ + S\ [2])$$

ausgedrückte Umsetzung bedingt demnach eine Wärmebindung von 5480 + 2 . 3 600 = 12 680 Wärmeeinheiten. Sie findet desshalb bei gewöhnlicher Temperatur für sich allein nicht statt. Wenn dieselbe nun bei Gegenwart von Wasser vor sich geht, so liegt der Grund hierfür darin, dass dann die Bedingungen für eine Wärmeentbindung gegeben sind[3]). Der Wärmeentwickelung von — 12 680 Wärmeeinheiten ist nämlich dann hinzuzurechnen einmal die in ihrem Zahlenwerth noch unbekannte, aber sowohl aus theoretischen Gründen[4]), als auch nach von mir angestellten directen Versuchen an sich jedenfalls negative, also durch — x zu bezeichnende, Wärmeentwickelung bei der Lösung des festen Jods, genommen mit entgegengesetzten Vorzeichen, also + x Wärmeeinheiten; ferner die bei der Lösung von zwei Moleculen Jodwasserstoff in Wasser frei werdende Wärme im Betrage von 2 . 18 900[5]) = 37 800 Wärmeeinheiten. Es beträgt dann die Gesammtwärmeentwickelung = 37 800 + x — 12 680 = 25 120 + x Wärmeeinheiten, sie ist also eine positive.

Da aber aus besonderen Beobachtungen hervorging, dass durch Absorption gleicher Mengen von Jodwasserstoff um so weniger Wärme frei wird, je mehr Jodwasserstoff das Wasser schon enthält, so muss der positive Summand der Gesammtwärmeentwickelung in dem Maasse abnehmen, als sich der Jodwasserstoff in der Flüssigkeit anreichert, bis die po-

---

[1]) Favre und Silbermann, Ann. chim. phys. (3) XXXVII, 456; Jahresber. für Chemie f. 1853, 18.

[2]) Mit dieser Umsetzungsgleichung soll nicht gesagt sein, dass ein einzelnes Atom Schwefel auftrete, sondern sie soll nur in einfachster Weise die Mengenverhältnisse der vor und nach der Umsetzung vorhandenen Körper darstellen.

[3]) Worauf früher Schröder van der Kolk (Pogg. Ann. 1867, CXXXI, 411) hingewiesen hat.

[4]) Vgl. S. 106.

[5]) Favre und Silbermann, Ann. chim. phys. (3) XXXVII, 412; Jahresber. für Chemie f. 1853, 12.

sitiven und negativen Wärmeentwickelungen sich gegenseitig geradezu aufheben, die Gesammtwärmeentwickelung also Null wird.

Die hiernach bestehende Erwartung, dass der bei Gegenwart von Wasser vor sich gehenden Einwirkung des Jods auf Schwefelwasserstoff durch eine bestimmte Concentration der entstehenden Jodwasserstofflösung, bei welcher gasförmiger Jodwasserstoff noch unter Wärmeentbindung absorbirt werden müsse, eine Grenze gesteckt sei, wurde durch angestellte Versuche vollkommen bestätigt. Es sprach für sie auch schon der an Lebhaftigkeit allmälig abnehmende Verlauf der Reaction, nachdem vorher die wässerige Flüssigkeit durch allmälig gestiegenen Jodwasserstoffgehalt ein gutes Lösungsmittel für Jod geworden und in Folge davon eine, durch fast vollständige Absorption eines selbst sehr starken Schwefelwasserstoffstromes sich kund gebende, rasche Umsetzung eingetreten war. Der nicht überschreitbaren Concentration der wässerigen Jodwasserstofflösung entspricht ein specifisches Gewicht von 1,56 bei gewöhnlicher Temperatur, während die bei 127⁰ bis 128⁰ unter gewöhnlichem Luftdruck überdestillirende Säure das specifische Gewicht 1,67 zeigte und eine bei 0⁰ gesättigte Lösung das specifische Gewicht 1,99 [1]) hat. Diese wässerige Jodwasserstofflösung von dem specifischen Gewicht 1,56 absorbirt einströmendes Jodwasserstoffgas unter bedeutender Temperaturerhöhung.

Zugefügt sei noch die Beobachtung, dass in einer concentrirteren, wässerigen Jodwasserstofflösung, z. B. in der unter gewöhnlichem Luftdruck bei 127⁰ übergehenden von dem specifischen Gewicht 1,67 beim Schütteln mit Schwefelblumen die entgegengesetzte Umsetzung durch den Geruch nach Schwefelwasserstoff sich anzeigt [2]).

Das verschiedene Verhalten von Jod gegen Schwefelwasserstoff bei gewöhnlicher Temperatur unter verschiedenen Umständen ist demnach auf eine gemeinsame durchgreifende Ursache, auf die mit den chemischen Vorgängen verknüpften Wärmeentwickelungen zurückzuführen. Es stimmt dasselbe mit der Erfahrung überein, dass die Bildung solcher chemischen Verbindungen nach festen Verhältnissen, deren Energie grösser ist, als diejenige der in ihnen enthaltenen Elemente im freien Zustande, sowie überhaupt diejenigen, bestimmten Verhältnissen folgenden, chemischen Umsetzungen, welche für sich unter Wärmebindung vor sich gehen müssten, meistens so zu sagen indirecte sind, d. h. nur gleichzeitig und in nothwendigem Zusammenhang mit anderen unter bedeutenderer Wärmeentbindung vor sich gehenden Umsetzungen statt haben.

Für diejenigen chemischen Vorgänge, welche als Ausnahmen hiervon aufgeführt werden könnten, wie z. B. die Bildung von Schwefelkohlenstoff (vgl. S. 129) und die Umsetzung von Quecksilberoxyd in Quecksilber und

[1]) De Luynes, Jahresber. für Chemie f. 1864, 498.
[2]) Die Zersetzung von Jodwasserstoff in einer kalt gesättigten wässerigen Lösung durch Schwefel wurde zuerst beobachtet durch Hautefeuille (Bull. soc. chim. [2] VII, 198; Jahresber. für Chemie f. 1867, 172).

Sauerstoff (vgl. S. 128), kommt stets die Verschiedenheit der Bewegungszustände für die Atome der einzelnen Molecüle bei derselben Mitteltemperatur wesentlich in Betracht. Derartige Umsetzungen sind desshalb
nur theilweise, da die ihnen günstigen Bewegungszustände stets nur einen
Bruchtheil der Molecüle betreffen. Für das Fortschreiten derselben ist,
neben Zuführung der nöthigen Wärme, die Entfernung von Umsetzungsproducten eine unumgängliche Bedingung.

Wärme- und Arbeitsvorräthe in chemischer Spannkraft. Der Thierorganismus als Arbeitsmaschine. Wärme- und Arbeitsquellen der Erde und des Weltalls.

In den Körpern, welche fähig sind, durch chemische Umwandlung
Wärme zu entbinden, liegt ein Wärme- und somit auch Arbeitsvorrath
aufgespeichert, da ein Theil der Wärme sich in Arbeit verwandeln lässt.
Vorzüglich geeignet zur Erzeugung von Wärme und Arbeit ist die
chemische Spannkraft, welche brennbare Körper und Sauerstoff darbieten.
Bekanntlich heizt man allgemein mit solchen Stoffen und führt in grossartigem Maassstabe die durch ihre Verbindung mit dem Sauerstoff der
Luft erzeugte Wärme in Arbeit über vermittelst eigens dazu construirter
Maschinen, der Dampfmaschinen und calorischen Maschinen. Als Brennstoff nimmt die Steinkohle den ersten Rang ein und es bedarf keines
näheren Hinweises, wie reichliches Vorkommen und leichte Beschaffung
dieses Brennmaterials eine unumgängliche Bedingung für den Aufschwung
der Industrie eines Landes bilden.

Die von dem Thierorganismus, der ältesten benutzten Arbeits-
maschine, erzeugte Wärme und geleistete Arbeit haben keine andere
Quelle, als die chemischen Spannkräfte, welche die Nahrungsmittel, insbesondere die verbrennlichen Körper und der Sauerstoff bieten. Für die
Oxydation innerhalb des Thierkörpers durch den vermittelst der Lunge
in das Blut aufgenommenen Sauerstoff sind jedoch nur solche verbrennlichen Körper tauglich, welche der Thierorganismus in Bestandtheile des
Blutes umzuformen vermag. Die Steinkohle und alle die anderen für die
Industrie so brauchbaren Körper bleiben in Folge ihrer Unverdaulichkeit
als Wärme- und Arbeitsquellen für den Thierorganismus ausgeschlossen,
welcher hauptsächlich auf die eiweissartigen Stoffe und deren nähere Ab-
kömmlinge, auf die sogenannten Kohlenhydrate wie Stärkemehl und Zucker
und auf die Fette angewiesen ist.

Es ist früher von Liebig [1]) die Ansicht aufgestellt worden und gestützt auf die Autorität ihres Erfinders noch jetzt vielfach herrschend, dass nur die stickstoffhaltigen Körper die Arbeitsvorräthe des Thierorganismus enthalten, dagegen die stickstofffreien, wie Stärkemehl, Zucker, Fette, nur als Wärmeerzeuger dienen könnten. Von dem bisher eingenommenen Standpunkt der mechanischen Wärmetheorie aus ist aber kein Grund einzusehen, warum der in stickstofffreien Körpern gelegene Wärmevorrath nicht ebensowohl auch für den Thierorganismus einen Arbeitsvorrath abgeben können soll. Ferner ist neuerdings auch durch mannigfache Versuche [2]) erwiesen, dass der Umsatz an stickstoffhaltigen Körpern in vielen Fällen nicht ausgereicht hat und nicht ausreicht, um die vom Thierorganismus geleistete Arbeit zu liefern. Auch aus mehr physiologischen Gründen [3]) muss man schliessen, dass der aus Eiweissstoffen gebildete Muskel in erster Linie das Werkzeug und nicht den Stoff für Arbeitserzeugung darbietet.

Wenn man also nach den jetzt vorliegenden Thatsachen den stickstoffhaltigen Nahrungsmitteln, den Eiweissstoffen, das Vorrecht absprechen muss, allein als Arbeitsquellen gelten zu dürfen, so bleiben jedoch denselben im Thierorganismus immer noch Verrichtungen, bezüglich deren sie durch stickstofffreie Nahrungsmittel nicht ersetzbar sind: nämlich die Muskelbildung und die Sauerstoffzufuhr. Auch das Werkzeug für die Arbeit, der Muskel, nutzt sich ab, und wie es scheint, bei bedeutender Anstrengung nicht [4]) merklich mehr als bei verhältnissmässiger Ruhe, und muss fortwährend neu gebildet werden; zudem wird unter sonst vergleichbaren Verhältnissen die Arbeitsfähigkeit auch mit dem Querschnitt des Muskels zusammenhängen. Ausser der Gegenwart der zur Arbeit umzusetzenden Nahrungsmittel ist auch die Zuführung der zum Verbrennen erforderlichen Sauerstoffmenge nothwendig, ebenso wie es für die Heizung nicht ausreicht, den Ofen mit Brennmaterial anzufüllen, sondern auch der Zutritt der zum Verbrennen nöthigen Sauerstoffmenge ermöglicht sein muss. Nun sind aber die aus Eiweiss bestehenden Blutkörperchen die Träger des Sauerstoffs. Dieselben sind wie die übrige Masse

---

[1]) In dem 26. bis 32. der chemischen Briefe; vgl. 4. Auflage 1859, Bd. II, S. 1 bis 196.

[2]) Vgl. z. B. die Beobachtungen, welche A. Fick und Wislicenus (Jahresber. für Chemie f. 1866, 729; Chem. Centralbl. 1867, 770 aus der Vierteljahrsschrift der Züricher naturforsch. Gesellsch. Bd. X, 1866), bei der Besteigung des nahe 2000 Meter über dem Brienzer See gelegenen Faulhorns an sich selbst angestellt haben, für deren genaue Berechnung die von Frankland (Jahresber. für Chemie f. 1866, 732; Chem. Centralbl. 1867, 787) erforschten Verbrennungswärmen der Muskelsubstanz, des Harnstoffs und der Nahrungsmittel heranzuziehen sind. Ferner siehe z. B. auch die von John Douglas (Phil. Mag. 1867), über die Ernährung von Strafgefangenen in Madras gemachten Beobachtungen.

[3]) Siehe J. R. Mayer, die Mechanik der Wärme 1867, 73.

[4]) Vgl. Voit und Pettenkofer, und Voit, Jahresber. für Chemie f. 1866, 725; Ann. d. Chem. u. Pharm. CXLI, 313; Chem. Centralbl. 1867, 166.

des Blutes in fortwährender Bewegung und umfliessen mit dem Blute in zahllosen sich verzweigenden Capillargefässen die Muskelsubstanz. Es wird so durch die Blutbewegung dem arbeitenden Muskel fortwährend die in Arbeit umzusetzende, zu oxydirende Nahrung und der oxydirende Sauerstoff zugeführt. Die Arbeitsfähigkeit muss also wiederum unter sonst gleichen Verhältnissen um so grösser sein, je mehr Sauerstoff in gegebener Zeit zugeführt werden kann, d. h. je grösser die Zahl der Blutkörperchen und damit der Eiweissgehalt des Blutes ist. Es stehen hiermit Beobachtungen [1]) im Einklang, welche auf eine durch Eiweissnahrung begünstigte Aufspeicherung eines Sauerstoffvorraths während des Schlafs und der Ruhe hinweisen und lehren, dass dann bei starker Arbeit mehr Sauerstoff in Form von Kohlensäure abgegeben als in der Luft eingeathmet wird. Erschöpfung muss eintreten, wenn bei fortgesetztem Verbrauche kein angemessener Wiederersatz stattfindet, sei es der verbrennlichen Stoffe, sei es des Sauerstoffs allein, oder beider zugleich: „Das Blut, eine langsam brennende Flüssigkeit, ist das Oel in der Flamme des Lebens [2])."

Durch diese fortwährende Verbrennung der Blutbestandtheile wird weitaus der grösste Theil des Kohlenstoffs und des Wasserstoffs der Nahrungsmittel als Kohlensäure und als Wasser ausgeschieden. Der Stickstoff der Eiweisskörper tritt vorwiegend in der Form von Harnstoff aus, einer mit Wasser in Kohlensäure und Ammoniak umsetzbaren Verbindung, deren Energieinhalt weit unter demjenigen der Eiweissmenge steht, welche denselben Stickstoff enthielt. Es liefert nämlich das Eiweiss beim Durchgang durch den Organismus etwa $1/3$ seines Gewichts an Harnstoff. Nun entwickelt aber [3]) ein Gramm gereinigtes bei 100° getrocknetes Eiweiss bei der Verbrennung 4998 Wärmeeinheiten, $1/3$ Gramm Harnstoff 735 Wärmeeinheiten. Bei der Oxydation im Thierkörper liefert demnach ein Gramm Eiweiss $4998 - 735 = 4263$ Wärmeeinheiten, also 85 Proc. derjenigen Wärme, welche es bei vollständiger Verbrennung ausgibt.

Nachstehende Tabelle enthält die Wärmemengen, welche bei der Verbrennung einiger Nahrungsmittel entwickelt werden. Für ihre Ermittelung wurde die Oxydation durch chlorsaures Kali bewerkstelligt [4]).

---

[1]) Von Pettenkofer und Voit, Jahresber. für Chemie f. 1866, 726; Ann. d. Chem. u. Pharm. CXLI, 314, 320; Chem. Centralbl. 1867, 167 u. 171. An den angeführten Orten ist auch auf einschlagende Versuche Henneberg's Bezug genommen.

[2]) J. R. Mayer, 1845; vgl. dessen Mechanik der Wärme, 1867, 130 bis 132.

[3]) Nach Frankland, Jahresber. für Chemie f. 1866, 733.

[4]) Frankland, Jahresber. für Chemie f. 1866, 734; Chem. Centralbl. 1867, 790.

1 Gramm der nicht getrockneten Substanz.	Wassergehalt. Proc.	Wärmeeinheiten.
Chester-Käse	24	4647
Kartoffeln	73	1013
Aepfel	82	660
Hafermehl	—	4004
Weizenmehl (Flour)	—	3941
Erbsenmehl	—	3936
Reismehl	—	3813
Arrowroot	—	3912
Brotkrume	44	2231
Brotkruste	—	4459
Mageres Ochsenfleisch	70,5	1567
Kalbfleisch	70,9	1314
Magerer Schinken, gekocht	54,4	1980
Eiereiweiss	86,3	671
Eidotter	47	3423
Milch	87	662
Rüben (Carrots)	86	527
Kohl (Cabbage)	88,5	434
Ochsentalg	—	9069
Butter	—	7264
Leberthran	—	9107
Zucker in Broden	—	3348

Die stickstoffhaltigen Nahrungsmittel liefern bei der Oxydation im Thierorganismus ihren Stickstoff in der Form von Harnstoff, Harnsäure, Hippursäure. Zur Bestimmung ihres Wärmewerths für den Organismus ist desshalb die Verbrennungswärme der aus ihnen hervorgehenden Mengen dieser stickstoffhaltigen Umsetzungsproducte in Abzug zu bringen, wie diess vorhin an dem Beispiel des Eiweisses gezeigt wurde. Die Menge des stickstoffhaltigen Umsetzungsproducts, welche ein Gramm des stickstoffhaltigen Nahrungsmittels liefert, wird leicht erhalten, wenn man aus der bekannten Zusammensetzung beider Verbindungen die Gewichtsmengen von beiden berechnet, welche dieselbe absolute Menge Stickstoff enthalten. Die Verbrennungswärmen der erwähnten Umsetzungsproducte der stickstoffhaltigen Nahrungsmittel sind folgende [1]):

1 Gramm der bei 100⁰ getrockneten Substanz.   Wärmeeinheiten.

Harnstoff 2206

Harnsäure 2615

Hippursäure 5383

Der Arbeitswerth der Nahrungsmittel würde sich aus ihrem Wärmewerth durch Division mit der Zahl 424, welche den Arbeitswerth der
Wärmeeinheit in Meterkilogrammen ausdrückt (vgl. S. 21), ableiten, wenn
die ganze Wärme in Arbeit verwandelt werden könnte. Diess ist nun
nach dem zweiten Hauptsatze der mechanischen Wärmetheorie (vgl. S. 127)
überhaupt nicht der Fall. Der Bruchtheil der durch den Verbrennungs-
process erzeugten wirklichen Energie, welcher von dem Organismus auf
mechanische Leistungen verwendet werden kann, soll [1]) im günstigsten
Falle die Hälfte betragen.

Indem der Thierorganismus die chemische Spannkraft, welche in
den Nahrungsmitteln und dem Sauerstoff der Luft gelegen ist, für Wärme-
erzeugung und Arbeitsleistung ausnutzt, liefert er Kohlensäure, Wasser
und dem Ammoniak nahestehende Verbindungen, also Umsetzungsproducte
von einfacher Zusammensetzung, welche den Verrichtungen des Thierkörpers nicht weiter dienen können.

Es besitzt nun der Pflanzenorganismus die Fähigkeit, aus diesen
chemischen Verbindungen niederer Ordnung unter dem Einflusse der
Sonnenwärme und des Sonnenlichts umgekehrt wieder Körper von verwickelterer Zusammensetzung, wie Stärkemehl, Zucker, Fett und Eiweissstoffe, unter Ausscheidung von Sauerstoff aufzubauen, d. h. Wärme in
chemische Spannkraft zu verwandeln. Demgemäss lebt jedes Thier in
letzter Linie von Pflanzenstoffen, und wenn der Mensch ein Stück Ochsen-
fleisch dem Gemüse vorzieht oder zu demselben geniesst, so besorgt für
ihn der Ochse einen Theil des Verdauungsgeschäfts, indem dieser aus seiner Pflanzennahrung die unverdaulichen Stoffe ausscheidet und das Brauch-
bare in Gestalt von Fleisch ablagert, so weit er es nicht selbst für Lebens-
verrichtungen und äussere Arbeit umgesetzt hat. Die Pflanze häuft also
beim Aufbau organischer Verbindungen in diesen einen Wärmevorrath
an, indem sie zugleich den zum Verbrennen derselben nöthigen Sauerstoff
liefert, während der Thierorganismus der Pflanze die durch Sauerstoff
verbrannten und also ihres Wärmevorraths beraubten Stoffe zurückgibt.
Die Pflanze speichert Sonnenwärme und Sonnenlicht auf, das Thier verbraucht dieselben theils zur Ausstrahlung an die kältere Umgebung, theils
zu Arbeitsleistungen, welche zum Theil in den mehr willkürlichen Bewegungen des Körpers und deren Uebertragung auf ausserhalb des Organismus liegende Gegenstände, zum Theil in den ohne bestimmten Vorsatz
unaufhörlich stattfindenden Verrichtungen, wie in dem Kreislauf des Blutes
und in der Respiration zur Wahrnehmung gelangen.

---

[1]) Nach Heidenhain gemäss einer Angabe im Jahresber. für Chemie f. 1866, 731
und im Chem. Centralbl. 1867, 773.

In Uebereinstimmung mit der Aequivalenz von Wärme und Arbeit zeigt sich die Leistungsfähigkeit des Thierorganismus bis zu einem gewissen Grade von der Ernährung abhängig, und schränken die Leistungen in der Form von Arbeit anderweitige stoffliche Leistungen ein. Ein schlecht genährtes Zug- oder Lastthier vermag nur verhältnissmässig wenig zu leisten; eine Kuh, welche den Pflug oder Wagen ziehen muss, gibt weniger Milch, als wenn sie nur ihre täglichen Spaziergänge an die Tränke zu machen hat.

Wenn bezüglich der einzelnen Vorgänge im Thierorganismus noch Vieles zu erforschen bleibt, so wird doch heutigen Tages wohl kein Naturforscher mehr dem Thierorganismus die Fähigkeit zuschreiben, Arbeit zu erschaffen. Hat doch gerade die Beobachtung von Vorgängen [1] im Thierorganismus J. R. Mayer zuerst auf den Gedanken „der Unzerstörlichkeit und Wandelbarkeit der Kräfte" [2] geleitet und ihn die Behauptung aufstellen lassen, „dass während des Lebensprocesses nur eine Umwandlung, so wie der Materie, so der Kraft, niemals aber eine Erschaffung der einen oder der anderen vor sich gehe" [3].

Die seitherigen hier vorstehend nur theilweise berührten Untersuchungen über die Vorgänge im Thierorganismus bestätigen diese von Mayer (a. a. O.) ausgesprochene und von Liebig [4] wirksam vertretene Ansicht, wonach die von den Pflanzen gebildeten Nahrungsmittel unter Zutritt von Sauerstoff die Quelle der Wärme und Arbeit des Thierorganismus bilden. Dagegen ist die weitere, von Liebig aufgestellte Behauptung, dass nur die stickstoffhaltigen Nahrungsmittel als Grundlage der Muskelarbeit dienen könnten (vgl. S. 143), nicht mehr haltbar. Es scheint sogar vorwiegend in der Verbrennung stickstofffreier Stoffe die Ursache der Muskelarbeit zu liegen. Doch sind nur die stickstoffhaltigen, die Eiweissstoffe, befähigt, die Bildner der Arbeitswerkzeuge, des Muskelgewebes, und in der Gestalt von Blutkörperchen die Träger und Lieferanten des Sauerstoffs abzugeben.

Wenn auch die in chemischen Spannkräften aufgespeicherten Wärme- und Arbeitsvorräthe für die Erhaltung des Thier- und Menschenlebens, wie für die Industrie von überwiegender Wichtigkeit sind, so bieten sich doch nicht alle Arbeitsvorräthe der Erde in Gestalt der durch chemische Anziehung bedingten Spannkraft. Auch in dem räumlichen Auseinandersein solcher Massen, welche ohne chemische Umsetzung durch ihre alleinige Annäherung lebendige Kraft gewinnen, liegen Wärme und Arbeitsvorräthe. Als Hauptquelle für diese Vorräthe, welche also in der durch Massenanziehung bedingten Spannkraft begründet sind, kann

---

[1] Vgl. Mayer's Mechanik der Wärme 1867, S. 95.
[2] Ann. d. Chem. u. Pharm. 1842, XLII, 234; die Mechanik der Wärme, 1867, S. 4, auch S. 20.
[3] Daselbst, S. 57.
[4] Z. B. in dem 13. chemischen Briefe, 4. Auflage, 1859, Bd. I, S. 205 bis 221.

ebenfalls die Sonnenwärme betrachtet werden. Um mit einem der gross-
artigsten Beispiele zu beginnen, wird in den Aequatorialgegenden von
der Oberfläche der Erde Wasser in ungeheueren Mengen verdunstet, be-
wegt sich mit der durch Erwärmung specifisch leichter gewordenen Luft
in höhere Regionen der Atmosphäre und fliesst nach den Polen der Erde
hin ab. In Folge der dabei stattfindenden Abkühlung dieser Dampf-
massen wird zunächst die Spannkraft der einzelnen Wassertheilchen gegen einander durch Condensation der Dämpfe zu flüssigem Wasser in
Wärme umgesetzt. Das verdichtete Wasser fällt dann in der Form von
Regen oder Schnee theils direct ins Meer zurück, theils auf die Conti-
nente, welche höher liegen als der Meeresspiegel. Die letzteren Wasser-
massen, der von der Erde auf sie ausgeübten Anziehung folgend, gewinnen auf ihrem Lauf von der Höhe zur Tiefe lebendige Kräfte, die entweder beim Ueberwinden von Reibungswiderständen und beim Herab-
stürzen in Wärme umgesetzt oder auch theilweise für Leistung von Arbeit ausgenutzt werden, insofern die Bewegung des in Bächen und
Flüssen strömenden Wassers auf Räder, Turbinen u. s. w. übertragen und
zu Industriezwecken ausgenutzt wird. Auch die Luftströmungen, deren
lebendige Kraft zu technischen Zwecken ausgebeutet wird, und welche
oft ungeheure und höchst unwillkommene mechanische Effecte haben,
sind Erzeugnisse der Sonnenwärme, insofern sie durch Temperaturdifferenzen entstehen, die durch den Wechsel und die Verschiedenheit der
Sonnenbestrahlung bedingt sind.

Ausser in der Sonnenwärme liegen auch in der Rotation der Erde,
in dem Herabkommen von Gesteinsmassen u. s. w., gewisse der Erde zu
gut kommende Wärme- und Arbeitsvorräthe, die theilweise technischen
Zwecken dienstbar gemacht werden können, wie z. B. Ebbe und Fluth.

Da nun — einen geringen mit der Zeit sich stetig vermindernden
Bruchtheil der Temperatur der Erdoberfläche ausgenommen, welcher von
der inneren Erdwärme herrührt — die Gesammtwärme auf der Erdoberfläche stets gleich gross ist, so wird die von der Erde in den Weltraum
ausgestrahlte Wärme ihr geradezu von der Sonne wieder ersetzt. Eine
nothwendige Bedingung aber für alles Leben und alle Bewegung ist die
dabei stattfindende ungleichmässige Vertheilung der zugestrahlten Wärme,
die Entstehung von Temperaturdifferenzen, ohne welche nach dem zweiten Hauptsatze der mechanischen Wärmetheorie weder Wärme in Arbeit
verwandelt werden, noch auch, wie S. 127 angedeutet wurde, Wärme in
chemische Spannkraft übergehen kann. Wäre die Erde mit einer für
Wärme undurchdringlichen Hülle umgeben, so würden sich die Temperaturen bald ausgleichen und somit bei derselben ihr jetzt zukommenden
Gesammtwärme jede Möglichkeit der Erzeugung von Arbeit und der
Bildung von Nahrungsmitteln und Brennstoffen durch Pflanzen aufhören;
alles Leben würde ersterben.

Was schliesslich die Sonne und ihre Arbeitsvorräthe anlangt, so
kann sie dieselben wiederum nur aus der mechanischen Vereinigung und

chemischen Umsetzung getrennter Massen schöpfen. Dem entsprechend sind verschiedene Sonnentheorien aufgestellt worden, die sich aber gegenseitig nicht ausschliessen: einerseits die Verdichtungstheorie und die meteorische Theorie, andererseits die Verbrennungstheorie. Bezüglich der Verbrennungstheorie [1]) hat man berechnet, dass die Sonne bei gleicher absoluter Wärmeausstrahlung in allerhöchstens 46 Jahrhunderten gänzlich verzehrt sein würde, wenn ihre Masse aus in Sauerstoff verbrennender Steinkohle bestände. Bezüglich der Verdichtungstheorie [2]) lässt sich berechnen, dass, wenn der Durchmesser der Sonne sich nur um $1/_{10000}$ seiner jetzigen Grösse verringerte, dadurch ihre jetzige Wärmeausgabe für 21 Jahrhunderte gedeckt würde. Eine so geringe Veränderung des Durchmessers würde nur durch die feinsten astronomischen Beobachtungen erkannt werden können. Ein Näherrücken der Sonnentheilchen setzt jedoch eine Temperaturerniedrigung als Ursache voraus. Bezüglich der meteorischen Theorie [3]) zeigt die Rechnung, dass, wenn die Erde auf die Sonne fiele, sie der Wahrnehmung gänzlich entgehen, aber die durch diesen Stoss erzeugte Wärme die Ausstrahlung auf ein Jahrhundert decken würde.

Selbst wenn beide Ursachen für die Wärme- und Arbeitsvorräthe des Sonnensystems und überhaupt des Weltalls bestehen, so muss endlich ein Zeitpunkt eintreten, wo die in dem räumlichen Getrenntsein grösserer Massen und in dem chemischen Geschiedensein verschiedener Körper gelegene Spannkraft erschöpft sein wird, wo sich beide in Wärmebewegung umgesetzt haben. Es kann nun stets und vollständig Arbeit in Wärme, aber Wärme in Arbeit nur zu einem Bruchtheil und nur unter der durch fortwährende Temperaturausgleichungen allmälig schwieriger zu erfüllenden Bedingung übergeführt werden, dass zugleich Wärme von höherer Temperatur in Wärme von niederer Temperatur umgewandelt werden kann. Folglich muss ein Zeitpunkt eintreten, wo sämmtliche Spannkraft in lebendige Kraft umgesetzt ist, wo die Summe der Energie, der Arbeitsvorräthe, zwar noch dieselbe ist wie jetzt, die Bedingungen ihrer Verwerthung aber nicht mehr vorhanden sind. Diesen Zustand der Erstarrung, welchem das Weltall allmälig entgegengeht, hat man passend bezeichnet als den Tod des Weltalls [4]).

---

[1]) Vgl. J. R. Mayer, die Mechanik der Wärme, 1867, 158.

[2]) Vgl. Helmholtz, über die Wechselwirkung der Naturkräfte, ein Vortrag, Königsberg, 1854, S. 40.

[3]) Vgl. J. R. Mayer, die Mechanik der Wärme, 1867, S. 169 bis 174, 187.

[4]) Vgl. Clausius, Pogg. Ann. 1865, CXXV, 400, und „über den zweiten Hauptsatz der mechanischen Wärmetheorie", ein Vortrag, 1867, S. 16; Helmholtz, über die Wechselwirkung der Naturkräfte, ein Vortrag, 1854, S. 43.

Schlussbemerkung.

Die einzigen bis jetzt unwandelbaren Dinge, welche die Naturwissenschaft kennt, sind die elementaren Atome. Es kann desshalb billigerweise an diese Wissenschaft keine höhere Anforderung gestellt werden, als die Naturerscheinungen auf Eigenschaften dieser allein unwandelbaren Grundlagen zurückzuführen. Die Zumuthung eines jeden weiteren Zurückgehens muss sogar vorläufig abgewiesen werden, weil hierzu zwingende Thatsachen noch fehlen.

Von Eigenschaften der elementaren Atome sind nun durch die Chemie erforscht worden das relative Gewicht und die Werthigkeit, d. h. der relative Umfang der chemischen Verwandtschaft (vgl. S. 9). Auf die Erkenntniss dieser beiden Eigenschaften gründet sich die ganze heutige Systematik der Chemie. Die Erkenntniss der Bewegungsverhältnisse der Atome ist durch die Physik angebahnt. Unter Zugrundelegung dieser ist in vorliegendem Werkchen die chemische Zersetzung gas- oder dampfförmiger Verbindungen durch Hitze ihrer Einfachheit halber mit besonderer Ausführlichkeit behandelt worden. Diese Betrachtungen haben ergeben, dass eine folgerichtige Erweiterung und Durchführung der auf dem Boden der mechanischen Wärmetheorie erwachsenen Vorstellungen über die Bewegungen der kleinsten Körpertheilchen für die Chemie auf deductivem Wege zu theoretischen Ergebnissen führt, welche mit der Erfahrung im Einklang stehen. Im Rückblick hierauf, sowie auf die, wenn auch noch unvollständigen, Ergebnisse der weiteren oben besprochenen Versuche darf man gewiss die schon vielfach aufgestellte Behauptung, welche auch bei Ausarbeitung des vorliegenden Werkchens als Richtschnur diente, für keine blosse Redensart halten: Die Chemie in der für sie zu erstrebenden Gestaltung müsse sein eine Mechanik der Atome.